U0315831

金川集团股份有限公司
动力设备操作与维检技巧

本书编委会　编

北　京

冶 金 工 业 出 版 社

2020

图书在版编目（CIP）数据

金川集团股份有限公司动力设备操作与维检技巧／
《金川集团股份有限公司动力设备操作与维检技巧》编委
会编．—北京：冶金工业出版社，2020.6
ISBN 978-7-5024-8528-3

Ⅰ．①金… Ⅱ．①金… Ⅲ．①矿山机械—动力装置—
操作 ②矿山机械—动力装置—检修 Ⅳ．① TD4

中国版本图书馆 CIP 数据核字（2020）第 073699 号

出 版 人 陈玉千
地 址 北京市东城区嵩祝院北巷 39 号 邮编 100009 电话 (010)64027926
网 址 www.cnmip.com.cn 电子信箱 yjcbs@cnmip.com.cn
责任编辑 戈 兰 美术编辑 彭子赫 版式设计 孙跃红
责任校对 石 静 责任印制 李玉山
ISBN 978-7-5024-8528-3
冶金工业出版社出版发行；各地新华书店经销；北京博海升彩色印刷有限公司印刷
2020 年 6 月第 1 版，2020 年 6 月第 1 次印刷
169mm×239mm；10.25 印张；153 千字；151 页
98.00 元

冶金工业出版社 投稿电话 （010）64027932 投稿信箱 tougao@cnmip.com.cn
冶金工业出版社营销中心 电话 （010）64044283 传真 （010）64027893
冶金工业出版社天猫旗舰店 yjgycbs.tmall.com
（本书如有印装质量问题，本社营销中心负责退换）

本书编委会

前　言

习近平总书记强调"技术创新是企业的命根子。拥有自主知识产权和核心技术，才能生产具有核心竞争力的产品，才能在激烈的竞争中立于不败之地"。

党的十八大以来，以习近平同志为核心的党中央着眼全局、面向未来，做出"必须把创新作为引领发展的第一动力"的重大战略抉择，实施创新驱动发展战略，加快建设创新型国家，吹响建设世界科技强国的号角，也为国有企业加快科技创新步伐指明了前进方向、提供了根本遵循。

金川集团动力能源系统的安全稳定运行在企业发展战略中起着重要的支撑作用，是企业高质量发展的先行系统之一，被誉为企业发展的"血液"和"命脉"。企业要实现高质量发展，必须紧紧依靠科技和创新"双轮驱动"，发挥科技和创新工作的引领作用，坚定不移自主创新，不断加大研发投入力度，加快核心技术攻关突破，努力为实现高质量发展占据"桥头堡"和"制高点"。提升企业安全水平，充分利用科技创新成果，实现科技兴安。提升企业运行水平，向科技创新要发展空间、要运行效率，加快新技术、新方法的研究、实验和应用。积极倡导培育创新创业文化，努力造就一批具有高水平的科技人才和创新团队，为企业保持平稳较快增长提供不竭动力。

为了庆祝中华人民共和国成立70周年和金川集团公司成立60周

年，进一步传承和发扬"工匠精神"，展示一线职工在生产工作实际中创造和形成的宝贵财富，让普通职工的技术成果走出"深闺"，我们组织力量，对近年来动力能源设备设施故障处理、操作、检修与维护方面的经验和技巧进行了汇集。

本书的编写既是对动力能源系统设施、设施技术管理理论的运用，又是技术创新实践探索过程，是理论与案例结合的升华，具有紧贴生产实际，突出可操作性和有效性的特点。全书共分五大类75篇文章，希望本书的出版为促进我们深入研究技术创新的相关理论和实践问题，加强和改进技术创新思想观念、操作实务、案例指导和基本经验，促进企业高质量发展发挥积极的作用。

本书在编写过程中，得到了金川集团股份有限公司工会的大力支持，在此表示感谢！

对本书存在的一些不足之处，诚望大家批评雅正。

编　者

2020年3月

目　　录

电机变压器

制氧与空分设备

机械加工、工器具

工业水处理

ABS 管道维修工艺技术改进

一、背景

某污水处理站一级沉淀池、二级沉淀池与气浮池之间工艺管道均为 DN500 ABS 管道。原设计管道过水方式为从一级沉淀池出水口至地面后埋地铺设，铺设至气浮池旁抬升至气浮池进水口处，从而实现工序连接，气浮池与二级沉淀池之间管道也采用上述连接方式，两条管线均为 U 型设计。经长时间运行后原 ABS DN500 过水管道内壁结晶、结垢严重，再加上弯道过多，导致管道过水能力不足，影响系统正常运行，因此需要对管线进行维修。

二、解决方法

按管道现有运行情况需对工艺过水管道整体更换，开挖管沟、拆除现有管道、重新铺设安装 ABS 管，此检修过程繁琐、时间长，且生产条件不具备。维修人员采用保留现有管道，在沉淀池与气浮池之间工艺管道架空敷设（见图 1）解决，可减少工作量及节约检修时间。

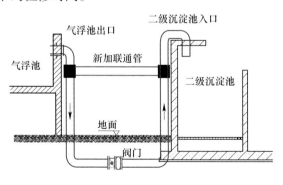

图 1 原理图

为避免维修工程中对现有 ABS 工艺管道进行切割、粘结、固化等，污水处理站须停止进水 72h，采用自主设计加工钢制节轮加水泥石棉灰口的方式进行管道维修，在不影响系统运行的前提下，完成了一级沉淀池、二级沉淀池与气浮池之间工艺管道的架设，解决了因结垢堵塞造成的工艺过水能力不足，从而影响处理能力的问题。

具体方法为：借鉴管箍及石棉灰口连接技术，制作钢制 DN500 直径套筒节轮，节轮由两个半圆部分组成，下半部分预留焊接孔洞，见图 2。施工时将两个半圆形节轮扣在原 ABS 管道上，进行焊接、石棉灰口密封固定，快干水泥堵漏。新铺设钢管在节轮预留孔洞处进行焊接，完成新旧管道连接。

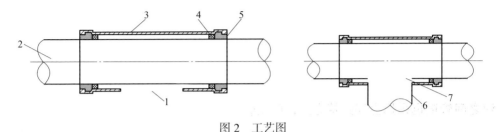

图 2　工艺图

1—预留焊接孔；2—现有 ABS 管道；3—钢管件；4—油麻；
5—石棉水泥；6—DN500 钢管；7—ABS 管道上开孔

三、应用效果

污水处理站沉淀池至气浮池工艺管道增设后，过水能力大大提升，满足了系统运行的需要。

本项目采用自制钢制节轮加水泥石棉灰口技术检修 ABS 管道（见图 3），突破了传统 ABS 管道维修技术，在实施过程中可有效简化施工程序，缩短检修时间，尤其是影响到系统运行情况下，更能体现出此项检修技术的优越性，具有很高的推广应用价值。

图 3　自制钢制节轮

8000m³/d 重金属离子废水处理站鼓风搅拌系统改造

一、背景

某 8000m³/d 含重金属离子废水处理站鼓风搅拌系统包括罗茨风机设备和输送风管两部分。风管主要由沉淀池管线和调节池鼓风系统组成，工作方式为三台 LW63C 型罗茨鼓风机产生的高压风经调节池及沉淀池内敷设的鼓风管对池内污水进行搅拌，满足工艺要求。目前原材质为 ABS 管的主风管老化严重，有多处漏点无法检修，导致水池内布风不均匀，鼓风搅拌效果不好。

二、解决方法

（1）将同一站临近的 50000m³/d 污水处理系统的 ABS 主风管更换为 DN500 钢管，从 DN500 钢管引两条 DN200 分支管至 8000m³/d 含重金属离子水处理站高盐调节池、酸碱调节池边，见图 1。

图 1　主风管引出 DN200 钢管至调节池

（2）每条 DN200 钢管引三条 DN80 分支管，环酸碱调节池和高盐调节池铺设，确保高压风全面覆盖调节池，见图 2。

图 2　引出 DN80 分支管段环绕调节池

（3）从 DN80 钢管引 114 根 DN20 分支管至调节池底部，钢管从上而下进行铺设，各分支管均加装球阀，便于控制风量，确保调节池酸碱格、高盐格能够均匀布风，见图 3。

图 3　从 DN80 分支管引出 114 根 DN20 风管

三、应用效果

8000m³/d 含重金属离子废水处理站鼓风搅拌系统改造后，从根本上解决了调节池底部积泥从而影响调节容积的问题。新铺设风管运行效果较好，风力搅拌均匀，风管检修方便。

辐流式污泥浓缩池浓缩机传动轨道改造

一、背景

某 8000m³/d 重金属站采用周边传动浓缩机，轨道直径 22m，浓缩机运行时泥水由给料管进入浓缩机中央稳流筒，经稳流筒向四周扩散并沉淀，污泥由浓缩机底部耙齿刮至中心卸料筒，由泥泵抽出。浓缩机运行中存在如下问题：一是浓缩机轨道采用 δ=8mm 厚的钢板，每段钢板弧长约为 1m，钢板过薄、弧长太短，受力时容易卷起；二是池内污水挥发出腐蚀性气体，腐蚀轨道胶泥垫层，部分塌陷仅靠钢板受力；三是钢板与钢板采用焊接形式连接，钢板与胶泥垫层间无预埋件，长时间运行时焊缝裂开；四是当浓缩机滚轮沿轨道转动时，焊缝方向与滚轮运行方向成斜角，焊缝处易断裂钢板被卷入滚轮中。

二、解决方法

（1）拆除原有浓缩机轨道胶泥垫层，重新铺设水泥砂浆层进行找平，减少轨道变形量见图 1。

图 1　钢制轨道

（2）水泥砂浆层上面铺设 δ=10mm 厚的钢丝网骨架胶皮，胶皮上面铺设 δ=14mm 厚的钢板，轨道受力时胶皮在水泥砂浆层与钢板之间起到了缓冲作用，见图 2。

钢丝网骨架胶皮

图2　轨道下面铺设钢丝网骨架胶皮

（3）水泥砂浆层中安装预埋件（200mm×250mm），轨道和下面安装的预埋件采用T型焊缝（焊缝方向与滚轮运行方向垂直）满焊，增强轨道的稳定度。

（4）浓缩池内壁安装膨胀螺丝，轨道内侧用钢筋与膨胀螺丝进行焊接，作为拉筋形式固定钢板。

三、应用效果

辐流式污泥浓缩池周边传动浓缩机轨道改造后，轨道受力平稳、不易开裂，轨道钢板不易卷起，浓缩机能够正常平稳运行，检修频次降低。

废水处理系统药剂恒压投加装置

一、背景

某重金属离子废水处理站加药系统通过隔膜计量泵，分别向一沉池、气浮池及二沉池投加 PAC、PAM、PFS、Na₂S 等药剂。现加药系统存在如下问题：强腐蚀性的药剂运行中腐蚀与加药泵连接的阀球、阀座及隔膜，需经常更换，检修频繁且备件消耗增加；加药泵为活塞式水泵，扬程低且出药量少，长期运行涡轮蜗杆磨损严重，高黏性药剂又使计量泵阀球不动作，造成加药系统药剂投加不畅；UPVC 材质的加药管道布置在室外，冬季时常发生加药管冻裂，增加了维修难度。

二、解决方法

（1）装置原理：在沉淀池前端架设高位药液箱，采用四台 JD50-25 管道泵，分别将四种药剂输送至高位药液箱，管道泵与药液箱之间设置联锁，实现自动上药剂；高位药液箱药剂通过管道自流进入各池子前端，利用各池前管路阀门调整药量。

（2）实施步骤：

1）制作四个规格为 2m×1.5m×1.5m 的药液箱，药箱内部进行防腐衬塑，置于一沉池前端，并在 PAC、PAM、PFS、Na₂S 加药罐出口分别安装管道泵，利用管道泵将药剂投加至药液箱。

2）药液箱安装超声波液位计，并与管道泵启停联锁，按设定的液位启停管道泵补充药剂，保持药液箱液位恒定和加药压力恒定。

3）在药液箱与各沉淀池和气浮池之间安装加药管道，加药管埋地处修建涵洞，加药管上安装阀门，方便控制药量，药剂由加药箱自流至各水池。

4）考虑到冬天管道易上冻，敷设蒸汽管道至加药箱，确保加药系统顺畅同时温度升高能够提升药剂反应效果。

三、应用效果

使用后基本解决了原加药系统存在的问题，实现了自动给药液箱上药，恒压加药（见图1和图2）。

图1　一种新型重金属离子废水处理站加药装置

图2　加药箱阀门控制

新型微孔曝气装置的创新及应用

一、背景

某污水处理站气浮池采用的涡凹气浮法为机械曝气方式，共由 16 台曝气机完成。因水质复杂，腐蚀性较强，曝气机长期处在水下工作，对机械密封、轴承损害较大，出现密封不严时导致联动轴失稳，影响曝气效果；曝气机电机在水汽的长期腐蚀下故障频发，维修量大；曝气机检修属于池边作业，检修维护场地有限，难度大，安全风险高。

二、解决方法

（1）拆除原有涡凹曝气机以及设备底座，包括电机以及电缆等，保留原有曝气机水下曝气室，并对原有钢平台进行改造，在原有支架上铺设玻璃钢篦格板。

（2）按气浮区面积计算需风量和曝气强度，每个曝气室安装一台直径 260mm，通气量 1.5~3.0m^3，服务面积 0.55~0.75m^2 的曝气头可满足工艺要求。

（3）利用污水站罗茨鼓风机压缩风作为气源，铺设风管至气浮池，主风管以 DN50 钢管沿曝气机平台进行铺设，确保曝气均匀；每个曝气室铺设 DN20 分支管段并加设阀门，以调节控制风量，实现曝气效果强弱的调整，满足不同水质。

（4）每台曝气室水下安装一个微孔曝气头（见图1），安装时调整曝气头至曝气室中心部位，确保曝气后产生的气泡均匀、稳定。

图 1　微孔曝气头

（5）利用短接连接方式替代原有管道直接焊接方式（见图2），检修方便快捷高效。

图2　风管阀门、快速短接连接图

三、应用效果

该装置安装后彻底解决了污水处理气浮工艺曝气工序运行中存在的问题，维修率低，保证了系统除油效果（见图3和图4）。每年可节约能源消耗及备品备件费用约380万元；为同类污水处理工艺提供了可借鉴的经验。

图3　现场安装效果图　　　　图4　微孔曝气装置应用效果图

污水管道中过滤装置的创新应用

一、背景

在工业生产中污水管道、酸水管道、污泥管道等含有杂物的管道中由于杂物、大颗粒物质的存在，经常会堵塞管道，尤其部分杂物进入泵体，堵塞叶轮，影响泵的出水情况，进而损坏设备，使系统运行异常。

二、解决方法

在泵入口接管处，设置一过滤装置（见图1）。该过滤装置由一段 DN400（长600mm）钢管、一段 DN100 钢管（末端留有均匀小孔），两片 DN300 法兰片组成。流体进入 DN400 钢管，从滤网小孔流入管道，将大颗粒等杂物截留在过滤装置内，日常拆卸 DN300 堵板可将杂物截留取出，保证泵入口的畅通。

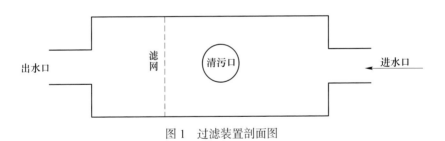

图1　过滤装置剖面图

具体做法如下：

（1）外套筒：该套筒由一段 DN400（长600mm）钢管前端与末端分别加堵板，堵板上留有进出水口。

（2）内滤网：该滤网由一片直径 400mm 钢板制作而成，钢板上开有均匀的小孔，小孔直径 10mm，小孔的作用为使水通过，而使较大杂物得到拦截。滤网点焊固定在套筒内壁。

（3）清污口：在外套筒侧面开有 300mm 空洞，上面连接一片 DN300 法兰，法兰上装有一块 DN300 堵板，该堵板可拆卸，用于清理堵塞物。

三、应用效果

本工具是针对工业生产中污水管道、酸水管道，污泥管道等含有杂物的管道经常堵塞、损坏水泵等设施的不足，提供一种结构简单、便于安装、能有效防止管道中泵堵塞的实用的过滤装置（见图 2）。该装置可应用于泵体进口前的任何便于操作的位置，过滤装置大小也可以根据主管道大小进行制作。

图 2   过滤装置实图

平流沉淀池漂浮物自动收集装置

一、背景

某含重金属离子水处理站沉淀池（36.0m×6.0m×3.0m）为露天池体，在药剂投加和反应过程中会产生细小杂质，漂浮在池体表面，在大风天气常有塑料袋、树叶等杂物进入池体，致使水体表面有杂物漂浮，容易阻塞设备，且靠人工打捞难度大而且存在较大安全隐患。

二、解决方法

在沉淀池刮泥行车上加装漂浮物收集装置，此装置安装于刮泥机前端，由角铁制作支架，在支架上安装细钢丝网。刮泥行车工作时，带动收集装置有效将漂浮物收集至水池前端，职工在前端平台上一次将漂浮物打捞干净（见图1）。

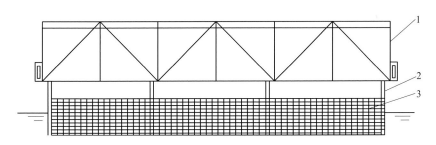

图1　平流沉淀池漂浮物自动收集装置示意图
1—平流沉淀池刮泥行车；2—漂浮物自动收集装置固定角铁；
3—漂浮物自动收集装置细孔钢丝网

三、应用效果

收集装置安装后，有效地解决了沉淀池水面漂浮物清除问题，避免了因漂浮物堵塞管道、泵体等设备故障，改善了池水感官指标，降低了职工劳动强度，降低了打捞作业时安全风险（见图2和图3）。

图 2　自制漂浮物收集装置效果（一）

图 3　自制漂浮物收集装置效果（二）

平流沉淀池贮泥斗潜污泵可旋转吊装装置

一、背景

污水处理站平流沉淀池由机械搅拌反应池和平流沉淀池构成，主要功能是通过混凝沉淀去除水中污染物，通过投加混凝剂、助凝剂等药剂，使污染物在沉淀池沉淀下来，从而满足 V 型滤池进水要求。沉淀池清泥作业时，需要在池底临时放入两台潜污泵进行排泥，由于沉淀池距离地面 5m 高，每次放入潜污泵需使用吊车，因此发生车辆使用费用较高，并且存在起重伤害的安全风险。

二、解决方法

根据现场情况，设计制作了潜污泵可旋转吊装装置（见图 1 和图 2）。该装置由提升支架、吊装口和安装支架三部分组成。

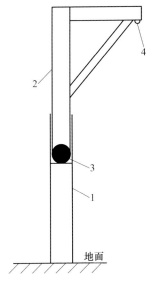

图 1　吊装装置示意图

1—DN100 钢管；2—DN80 钢管；3—钢球；
4—吊环（安装倒链）

图 2　吊装装置现场效果图

（1）提升支架：由 DN80（2.5m）和 DN100（4.5m）各一根的不锈钢钢管组装成"Γ"形支架，DN80 钢管底部安装外径 80mm 钢球一个，再将 DN80 钢管套入 DN100 不锈钢钢管内，实现 DN80 钢管的 360° 旋转。

（2）吊装口：在沉淀池泥斗上方的水池顶部平台开出三个 600mm × 800mm 吊装口，用于潜污泵的吊装（见图 3）。

（3）安装支架：由三根 1.5m 的 DN65 钢管制作，三脚架顶部安装倒链，用于潜污泵的吊装（见图 4）。

图 3　泥斗上方吊装口　　　　　　图 4　自制吊装三脚架

三、应用效果

沉淀池潜污泵吊装装置制作完成后，使用效果良好，彻底解决了沉淀池放空及底部污泥彻底清空过程中吊车的使用和安全管控问题。

箱式压滤机自动疏通装置改造

一、背景

污泥脱水是污水处理系统的重要工艺流程之一，主要目的是将污泥浓缩后打入箱式压滤机进一步脱水，最后将干污泥回收利用。重金属站压滤机工作过程中，通过每块滤板上方进料口进料，再经过压紧、角吹、压榨、卸泥等环节完成污泥脱水。由于进料口处的污泥在脱水过程中始终会产生淤积结块，无法有效去除，导致进料口经常发生堵塞，影响压滤机的正常进料，因此必须将滤板进料口污泥进行人工疏通脱落，才能保证后续进料，增加了职工劳动强度。

二、解决方法

在箱式压滤机滤板上，贯穿每台滤板进料口安装一条自然长 10m，直径 60mm 的弹簧，弹簧两端固定于压滤机两端，弹簧钢丝直径 8mm，纯间距 10mm，锰钢材质。将弹簧通过每块滤板进料口连接起来，两端固定于压滤机两侧，弹簧伸缩长度满足滤板进料、压紧、角吹、压榨时的任何工作距离。在压滤机运行过程中，通过弹簧的伸缩位移将滤板进料口处淤泥由弹簧自动带走，保证了进料口的通畅。装置结构图见图 1。

三、应用效果

在箱式压滤机进料口安装防堵塞装置后，有效解决了压滤机进料作业时的堵塞问题，为同类污水处理工艺类似问题的解决提供了新型、高效、经济的处理技术（见图 2 和图 3）。

技术要求:
弹簧: 长度10m, 外直径60mm;
钢丝: 直径8mm, 纯间距10mm;
钩: 材质为锰钢。

图 1　装置结构图

图 2　装置效果(一)

图 3　装置效果(二)

箱式压滤机专用移动检修工作平台

一、背景

某废水处理站有三台板框隔膜式压滤机，每台压滤机有 53 块滤板，54 块隔膜板，滤板及隔膜板上安装 107 块滤布，由于滤布反复使用，滤布老化开裂，过水性降低，造成泥饼含水率高，粘连在滤板上，需要定期对滤布进行更换。滤布拆卸安装及压滤机检修时，作业人员需进入压滤机运行区域，压滤机高 2.5m，滤板间距较小，检修空间狭小，存在安全隐患。

二、解决方法

制作压滤机专用移动检修工作平台，具体实施方法为：利用角铁制作支架，支架上端由卡槽卡于压滤机防护栏杆上部，支架下端利用 U 型卡扣固定在压滤机防护栏杆下部，支架周边安装有安全防护栏杆（高度 1.2m）。此支架可以在压滤机防护栏杆上移动，方便检修职工对压滤机检修及滤布更换（见图）。

三、应用效果

使用压滤机专用移动检修工作平台后消除了职工作业过程中的安全隐患，降低了职工劳动强度，提高了压滤机滤布更换及检修过程的工作效率。

供配水管道漏点快速维修技巧

一、背景

城市输配水管道在运行过程中经常出现局部泄漏或爆管事故，铸铁及预应力混凝土、工程塑料等材质管道的快速维修是困扰城市给水管网管理的一大难题。

二、解决方法

针对铸铁管、工程塑料管、预应力钢筋混凝土管等直径不同，用钢板卷制成圆筒，并加工成适应不同直径管道的维修管件（见图1）。

技巧一：见图1（a），适用于泄漏点位置集中的漏点。施工方法是将管件从中间一分两半，形成半圆形状扣在管道上，然后把两片半圆形状管件固定在一起进行焊接，管道与管件间隙用油麻进行调节间隙并固定。用油麻调整管道与管件缝隙达到均匀目的，起到阻止封堵材料进入管道目的。如果原管道是铸铁管材质，封堵材料可采用青铅或石棉水泥封堵，如果是其他管材可采用石棉水泥封堵。

技巧二：见图1（b），适用于管道裂缝较长，需用更换一段管道的漏点。用切割机将原管道切断，将加工制作的管件套在管道上，用上述方法对管道进行封堵。

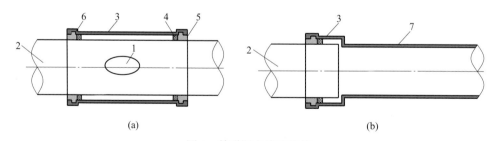

(a)   (b)

图1　管道漏点快速维修

1—管道漏点；2—原管道；3—钢管件；4—油麻；5—青铅（石棉水泥）；
6—封堵材料固定口；7—钢管

管件与管道连接缝隙控制在15~20mm之间，封堵材料与管道接触距离控制在40~55mm之间。

三、应用效果

修理技巧适用于给水铸铁管道、工程塑料、预应力钢筋混凝土管等泄漏点的维修。现场运用后效果较好，管件安装简单、封堵泄漏点快、返工率低、工作量小、运行可靠。

排水管道杂物清除疏通装置

一、背景

大型企业生产厂区生产、生活排水管道经常出现排水不畅，排水能力降低等现象，其主要原因是：

（1）管道内输送的介质含油多，大量油污附着在管道内壁造成管径缩小。

（2）道路维修施工造成建筑垃圾掉入排水井内，造成管道堵塞（见图1）。

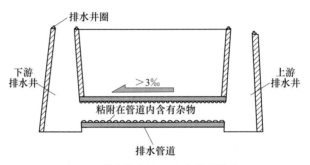

图1　道路维修施工造成管道堵塞

（3）采用水泥砂浆封口的承插连接排水管道。排水管道上方多为绿化区，绿化树木根部毛细树根穿越管口封堵砂浆进入管道内形成堵塞（见图2）。

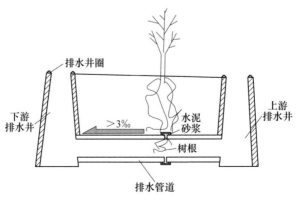

图2　绿化树木根部堵塞管道

（4）高盐分废水排水管道经过长期运行，在管道内壁结晶使管径缩小，致管道排水量降低。

排水管道堵塞或排水能力降低时，通常采用高压冲洗疏通车对长期停留在管道内部的杂物进行强制冲洗，使其排出管道进入排水井内并打捞出来；遇到大块物体阻碍情况用高压水枪探取位置后，解刨管道取出被堵物质（见图3）。

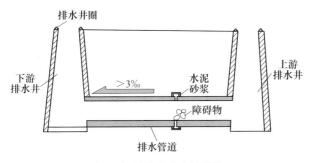

图3 解刨管道取出被堵物

上述排水管道疏通方法存在如下缺点：一是使用高压疏通车冲洗排水管道，无法对体积较大物体或管壁上附着物体彻底清除；二是对含高盐废水管道内壁结晶物体清理较为困难；三是对管道内生长树木根部毛细树根无法清除。

二、解决方法

由高压冲洗车枪头带动钢丝绳由下游检查井进入排水管道，到上游检查井取出（图4）；在上游检查井处将1号清洗桶（图5）固定在钢丝绳上，放入排水管道内（注：清洗桶首先由小到大的顺序进行，防止由于管道内杂物太多，清洗桶与杂物卡死，牵引车无法移动清洗桶）；上下游检查井内放入钢丝绳导轨；由

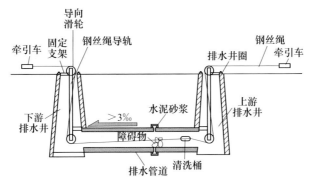

图4 管道杂物清除疏通装置

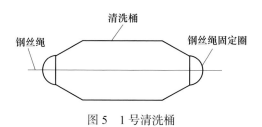

图5　1号清洗桶

牵引车在检查井下游拉动钢丝并带动清洗桶在管道内移动，使排水管道内的杂物清理到检查井内，采用人工清理。移动牵引车到上游检查井处拉动钢丝绳，使牵引桶由检查井内取出，更换成2号的清洗桶，反复作业致使管道内的杂物全部清理干净。

三、应用效果

彻底解决了困扰排水系统中施工遗留石块、高盐水结晶、油污聚集、树根等无法清除难题。杂物清除彻底，操作简单，职工劳动强度低。

树脂清洗活化

一、背景

为保证整机冷却主水达标，纯水冷却器离子缸内树脂需要定期更换。整流系统每年更换下的树脂约为 900kg，需将成品阴离子、阳离子树脂进行活化、混脂，通过长期实践和优化，总结出了树脂活化、混脂的要点。

二、解决方法

（1）树脂活化混脂程序：

1）阳离子交换树脂（001×7）用碱（NaOH）浸泡 8h，用水冲洗至中性，用 pH 试纸测试达到 7；阴离子交换树脂（201×7）用盐酸（HCl）浸泡 8h，用水冲洗至中性，用 pH 试纸测试达到 7。

2）阳离子交换树脂（001×7）用盐酸（HCl）浸泡 8h，用水冲洗至电导率小于 10μS/cm；阴离子交换树脂（201×7）用碱（NaOH）浸泡 8h，用水冲洗至电导率小于 10μS/cm。

3）查看阴阳离子能抱团即可以进行混脂。混脂比例：阳离子交换树脂（001×7）：阴离子交换树脂（201×7）=1:2。

（2）树脂活化清洗作业注意事项：

1）树脂活化过程中要穿防酸碱雨靴、戴防酸手套、戴护目眼镜和防毒口罩（见图 1）。

2）禁止单人作业，取酸、取碱过程中要佩戴防毒面具，同时做好监护，小心烫伤。

3）活化作业过程中严禁用手触摸树脂，同时要注意防滑。

4）树脂活化作业完毕后要对现场进行彻底清理。

三、应用效果

该活化要点指出了离子缸内树脂活化过程的工艺的规范操作，保证了活化操作安全、树脂的参数指标和整机冷却主水水质的达标。

图 1　树脂清洗活化

大功率整流机组主水水质提升方法

一、背景

整流机组主水主要是为冷却整机快熔、元件，水质不合格易引起整机汇流管、水室、水冷母排等腐蚀，造成冷却水管堵塞、桥臂温度升高等，严重时整机机组温度过高跳闸，电流归零，严重影响电解产品的质量及产量。

二、解决方法

（1）采用密闭 1.5t 大塑料水箱代替多个 15kg 小塑料水桶拉运主水，避免主水在拉运过程中二次污染。

（2）用 DSS-307 电导率仪，每星期对整流所内高位水箱、储水箱、整机、纯水冷却器等各部位主水水质进行检测，准确检测主水水质，并及时发现主水污染源。

（3）在高位水箱至储水箱之间布管，实现整机密闭加水，避免在加水过程中造成主水污染（见图 1）。

（4）在整流设备最低点加装排污阀、排水阀，整机检修、换水过程中，可将整机主水一次性排空，避免主水污染。

（5）将整机高位水箱、储水箱进行密封，避免主水在运行及存储过程中受室内腐蚀性气体的污染（见图 2）。

图 1　全密封加水　　　　　　　图 2　储水箱密封

（6）依据检测水质结果适时投运离子交换器，发现树脂老化时及时清洗活化或更换（见图3）。

（7）在主水拉运及整机运行过程中，用pH试纸检测主水的pH值（见图4）。

（8）对主水不合格的整机通过倒负荷或利用检修等机会更换主水。

图3　更换离子缸树脂　　　　　　　　图4　水质测量

三、应用效果

（1）整流机组运行主水电导率平均值由200μS/cm降低至目前不超过5μS/cm，达到了运行规程的要求。

（2）有效缓解了汇流管、水室、水冷母排等的电解腐蚀，避免了因主水管堵塞、桥臂温度升高而引发的整机电流归零等故障。

污水处理行车式刮板机改造

一、背景

工业污水处理沉淀池工艺需要一台行走在沉淀池上面，不间断清理池底沉淀下来污泥的行车式刮板机。设计行车在沉淀池做往返运行，刮泥板随往返由液压推杆装置做提升下降动作。行车刮板因频繁动作、污泥增厚等原因，导致液压推杆漏油泄压故障发生，不能正常提升下降、往返机构失灵，运行人员需经常给液压推杆装置加注液压油，加大了运行人员工作量，造成运行成本增加。

二、解决方法

为保证提板式刮泥机连续运行，设计了行星摆线减速机提升刮渣板装置。该装置由摆线式减速机、椭圆形操动机构、拉杆及电气控制系统组成，行星摆线减速机替代现有液压推杆装置，消除了频繁提升、下降造成的液压系统漏油缺陷；把液压的软性负载改为行星摆线减速机提升装置输出刚性负载，使升降位置更准确。对电气控制回路由点动式运行操作改为自动控制运行，保证了沉淀池刮泥作业连续正常运行。

三、应用效果

解决了在某污水处理站行车刮泥机刮板运行中存在的问题，维护方便，降低了行车备件材料的消耗，减轻运行人员的工作量，行车运行效率提升明显。

污水处理站浓密池搅拌机
"电源滑环"改进

一、背景

高盐和高酸碱工业污水处理站浓密池旋转搅拌机行走电动机电源，原设计利用安装在浓密池中心塔上的铸铁滑环来导入的，滑环距水面约有1m，使用中出现池中蒸发的酸碱气体浸蚀滑环、严重腐蚀刷架、冬季气雾凝露浸蚀等问题，电源及滑环时常接触不良，搅拌机停运；滑环处于浓密池中心位置，检修时利用旋转机构的框架作为支撑，检修难度大，安全风险高。

二、解决方法

经过对浓密池旋转搅拌机行走电动机电源滑环测绘及现场环境勘查，将原有系统做了如下改进：电动机电源滑环重新制作刷架、安装防水裙式绝缘套筒、电木绝缘改为尼伦绝缘，减少水汽腐蚀接地故障；紫铜板电刷改为高含铜的石墨电刷，减少氧化，单联刷架改为双联刷架，增加电源导入的可靠性；酸碱浓密池软滑线改为沿池边的硬环形滑线，并设置安全隔离网，方便在地面上检修滑线。

三、应用效果

在某污水处理现场浓密池旋转搅拌机实施改进措施后，运行效果良好，故障率和检修维护量明显下降，检修安全得到保障，设备实现长周期安全运行。

冶金炉窑开放式冷却循环水品质提升工艺技术改进

一、背景

采用阳离子树脂交换软化技术的开式冷却循环软化水系统存在如下问题：

（1）开式冷却中水与空气进行传热、传质时，空气中的粉尘不可避免也进入循环冷却水系统，导致水浊度从 1~5NTU 上升至 15~30NTU，引起设备热交换器传热效率下降或提前失效而被迫检修。

（2）运行中厂区空气中含有的 SO_2 与 Cl_2 等酸性介质进入循环软化水体后，使冷却塔混凝土中部分 Ca^{2+}、Mg^{2+} 离子溶解进入循环水中，破坏了水质硬度指标。

（3）用户端因误操作或阀门的泄漏，经常发生新水进入循环软化水导致硬度超标。

二、解决方法

（1）增加杂物捕集装置，有效捕获循环水中 2mm 粒径以上的大颗粒杂物；加装贴边活动压条，控制杂物从池边缝隙绕开杂物捕集装置进入循环管路（见图 1）。

图 1　杂物捕集装置

（2）在冷却塔水池底部吸入水口周围预制 150~200mm 挡泥台或挡泥板；同时将吸水弯管进行上部开口，改变吸水流向及标高，强化水中杂质沉积过程。

（3）开发利用离子交换树脂微孔吸附特性，发挥其易流动性、再生性及层叠过滤特点，将机械旁滤循环软化水导入软化器中，对其进行再处理，实现了低 Ca^{2+}、Mg^{2+} 离子条件下的再吸附置换，同时吸附水体中微生物、过滤悬浮微粒，利用再生进行杀菌、脱附和去除过滤的杂质沉积。新旧流程对比示意图见图2。

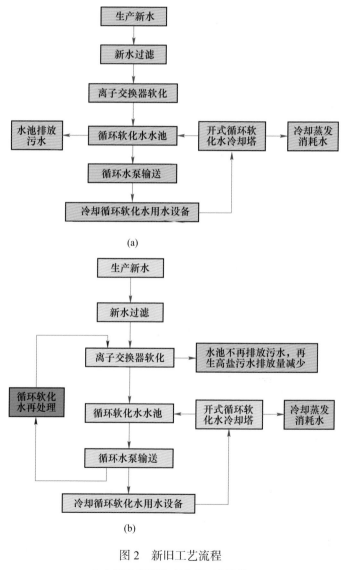

图 2　新旧工艺流程

（a）旧工艺流程；（b）新工艺流程

（4）优化离子交换器运行程序，采用"N 次小反洗 +1 次大反洗"的先进工艺操作方法，及时清洗树脂吸附的微尘，降低循环水系统的杂质含量。将原水软化器失效水质指标从 30μmol/L 提升至约 300μmol/L，这样可以提高软化器约 25% 的水处理能力。

三、应用效果

该技术应用于开式冷却循环工艺后，浊度指标保持在 3NTU 之内，节省再生盐消耗 15% 以上，降低故障排水消耗约 90%，微生物腐蚀大幅度降低，具有良好的借鉴推广价值。

铜镍电解整流机组水质管控操作法

一、背景

大功率整流机组，为铜镍电解槽提供直流电，整机的冷却效果如何直接影响整机的正常运行，影响铜镍系统的正常生产。因整机内主水水质不达标、电化腐蚀、水路堵塞以及副水系统外部管网压力、流量、温度运行不稳定等因素，多次造成整机发热，电流归零故障，水质管控尤为重要。经过长期摸索、实践，总结出"一测、二洗、三更换、四调控"先进操作法。

二、解决方法

一测：

（1）测主水电导率。每周测试一次整机主水电导率并记录，满足小于 10.00μS/cm 的标准，并与上次对比分析，密切关注主水水质的变化。

（2）测整机关键部位温度。确定整机测温点每台 104~132 个，记录并对比分析。通过测试水冷母排和水室进出水温差判断水路有无堵塞现象。

（3）测冷却器主水进出水温差不低于 2℃，副水进出水温差不超过 5℃，以此判断冷却器的冷却效果。

二洗：

（1）每季度清洗活化纯水冷却器离子缸内树脂一次（全部约 500kg）。

（2）储水箱、高位水箱与整机检修同步清洗，日常覆盖防尘罩并将管头封闭，防止主水受到污染。

（3）每年清洗 1~2 次油水冷却器、纯水冷却器，每月清洗一次副水过滤器，保证冷却效果。

三更换：

（1）出现整机主水电导率超标（>10.00μS/cm）时，及时在不停机的情况下更换离子缸树脂，采用"虹吸法"更换离子缸树脂，达到树脂残留率为零。

（2）若主水水质超标严重，采取倒机运行，同步更换主水和树脂。

四调控：

（1）副水系统外部管网压力、流量发生变化时及时调整进水阀门和回水阀门，确保冷却器主水压力大于副水压力，油压大于水压。

（2）每年5月至9月调整副水系统运行方式，由循环水系统倒至生产水系统运行。

（3）调整节水泵的运行方式。通过调整总管进水和回水阀门，控制蓄水池液位变动不超过0.5m，节水泵不频繁切换和启动，确保副水系统运行正常。

三、应用效果

该操作法通过多年的推广应用，成效明显，整机冷却效果大幅提升，发热故障逐年下降，保障了铜电解和镍电解系统的正常生产。

高低压电气设备、自动化仪控

GIS 设备气室补气技术要领

一、背景

变电所 110kV GIS 设备安全稳定运行的前提是设备气室内 SF_6 气体保持在额定压力，年泄露率低于 1.0%。由于设备固有因素、安装的原因、运行时间延长、气体密封技术的高难度等，GIS 设备个别气室出现轻微泄露情况时有发生，对设备和系统运行造成一定的影响。在长期的实践中，掌握并总结了带电补气作业要领。

二、解决方法

（1）办理两种工作票，许可后进行工作。GIS 室风机提前 15min 开启，工作过程全程运转。

（2）查找出是轻微渗漏点并处理。

（3）将充气气室自封充气口、周边设备用毛刷、干净抹布、吹灰机打扫干净，充气软管、接头、减压器清擦干净。

（4）用扳手卸掉气瓶上的盲盖和需补气气室进气口的盖板。

（5）用专用充气软管，通过安全阀、调压器和两端接头连接进气口和气瓶阀口。

（6）从气瓶中放出一定量的 SF_6 气体吹出气管和调压器内部的空气。

（7）拧紧两端接头，保证气管可靠连通。

（8）缓慢打开气瓶阀门、调节器的阀门和进气口的截止阀，向气室充气。

（9）使气室内气体缓慢升至额定压力（但不超过额定值 +0.02MPa。），然后关闭调压器、气瓶阀门。

（10）气室补气后，要盖紧气瓶盲盖和进气口盖板，以防泄露。气瓶中的 SF_6 靠潜热汽化需要较长时间，为了加快汽化过程，严禁用火焰对气瓶加热。

三、应用效果

做到了安全及时地对运行设备带电补充 SF_6 气体，保证了 GIS 设备的长周期、安全、稳定运行。

板式散热片的简易检漏箱

一、背景

整流所的纯水冷却器在使用过程由于长期接触生产水，以及整机的电化学腐蚀双重作用，板式散热片经常会发生微弱渗漏现象，拆解后单凭人的眼睛基本无法发现导致渗漏微小孔洞，如再次使用会造成设备窜水，影响整机稳定运行。如每次检修中大量更换散热片，极大造成散热片的浪费，增加运行成本。

二、解决方法

制作了专门用于检查板式散热片细微孔洞的检漏灯箱（见图1），其主要结构：金属箱体、安装于箱体底部的照明灯、电源线路。该灯箱根据摄影暗室原理，在光线较暗的房间内，将需检查的不锈钢散热片置于密封灯箱卡槽上，将检漏灯箱内部照明灯通电点亮，利用光线穿透性能，观察散热片表面透光情况，能很快发现散热片的细微孔洞。

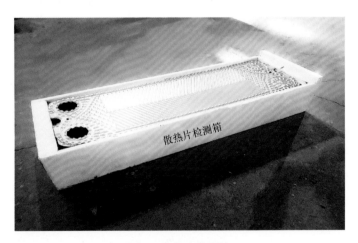

图 1 散热片检测箱

三、应用效果

该灯箱结构简单、使用方便、使用效果良好，提高了作业效率，漏点检出准确、可靠。

板式散热器拆装工具

一、背景

大功率整流机组的纯水冷却器的换热器件为板式散热器，由 100 片左右的波纹式不锈钢换热片叠压，用 20 条 φ20mm 螺栓紧固上下厚度约 20mm 的压板而组成。在换热器定期拆解检修时要经过拆卸、清洗、组装、试验四个环节；拆卸、组装时，需要轮换调整 20 条螺栓进行松动、紧固，导致受力面不均匀，检修质量不高，运行时频繁出现渗漏，检修反复，工作强度大、检修效率低。

二、解决方法

针对这一难题，利用千斤顶的省力原理，自行设计制作了"千斤顶双向紧固桥"拆装专用工具（千斤顶双向紧固桥，见图 1），其主要结构包括：3t 液压式千斤顶 2 个、均力底座、上紧固桥架、紧固螺栓、下紧固桥架等部分。在换热片拆装过程中，提前测量散热片的压紧厚度，然后使用该工具双向均衡施压，将散热片紧固到原测量尺寸，最后进行 20 条紧固螺栓的拆装，一次成型，受力均匀。

图 1　板式散热器拆装工具

三、应用效果

该工具应用效果显著，纯水冷却器散热器检修工作由 6 人，历时 2 天时间缩短为 4 人 8h 就能完成，极大提升了检修质量和作业效率，降低了职工劳动强度。

变（配）电所消防自动报警系统的信号上传

一、背景

某供电单位采用集控站有人值守，下属变（配）电所无人值班的工作方式，变（配）电所虽已安装火灾消防自动报警系统，但部分无人值班的变（配）电所消防报警信号未能上传，发生火情，运行人员不能及时掌握火情，不能及时进行处置，影响变（配）电所的安全运行。

二、解决方法

（1）查阅原变（配）电所消防系统设计图纸，掌握各变（配）电所的消防系统原理、配置情况，设计消防自动报警信号上传回路示意图，见图1。

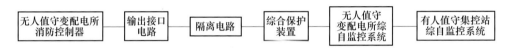

图1　消防自动报警信号上传回路示意图

（2）在各无人值守变（配）电所消防控制器内增加消防信号输出电路（中间继电器 K_1）。

（3）在消防控制器输入输出模块，与新增输出设备正确接线、编码、定义设备，使用消防控制器专用语言编辑、增加联动公式，使消防控制器与输出模块具有联动功能。

（4）将消防报警信号接至无人值守变（配）电所内微机综合保护装置内，见图2。

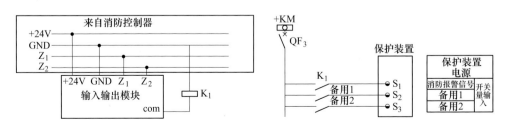

图2　消防报警信号的接入

（5）对无人值守配电所的综合自动化系统和有人值守集控站的监控系统数据库进行编辑，在有人值守变电所的监控系统增加消防报警图形界面和报警功能，实现无人值守变（配）电所消防报警信息的实时声、光监视功能。

三、应用效果

（1）将两个独立系统进行智能开发、融合后应用到现场实际中，实现了在有人值守变电所实时监视无人值守配电所消防报警系统的功能。

（2）实现配电所消防报警信号的上传，为及时发现无人值守变（配）电所火情创造了条件，为及时处置火警提供了依据。

高压柜内遥测电缆绝缘的安全方法

一、背景

变配电所用于摇测绝缘的摇表线长度 2m，前端用于接触导体的笔头长度仅为 10cm，运行人员戴上橡胶绝缘手套拿起进入柜内极不方便；对于封闭式开关柜的电缆隔室空间比较狭窄，体型较胖的人握着表笔线半爬在电缆隔室里很不方便且不安全，若出现突然反送电极易造成操作人员的伤害。

二、解决方法

经过运行人员对多年运行操作经验的总结，结合验、放电操作的特点，将放电棒改用摇表线手柄，摇表线的表笔端固定在放电棒金属端部，进行摇测绝缘操作时运行人员戴上绝缘手套握起放电棒手柄，操作起来十分方便，同时操作时安全系数更高（见图1）。

图1 高压柜内遥测电缆绝缘

三、应用效果

这种方法既避免了运行人员摇测绝缘时爬在电缆隔室的困难又可防止突然反送电时对操作人员造成的人身伤害。

整流机组纯水冷却器高位水箱自动加水装置

一、背景

整流机组传统的纯水加水工序均为人工进行，存在如下缺点：（1）冷却用纯水对水质要求高，纯水多次倒运对水质污染较大，造成整流设备冷却效果降低导致跳闸故障；（2）运行人员携带装满纯水塑料桶爬上铁梯子或平台给高位水箱内加水，上水非常费力；（3）每次检修后加水冲洗水系统和运行使用的纯水，需要35~40桶水，多次重复性高处作业，存在安全风险。

二、解决方法

在整流所一楼水冷室及二楼整机室新增一套纯水加水管路，从储水箱口处连接一台上水泵，由水泵将水打入到PVC管路内，再由管路将水加入到高位水箱内，水加到一定水位或水满后，高位水箱内的水位计电接点接通后，将水泵停转，停止加水，同时加装PVC溢流管路，水满后若电接点水位计失灵则纯水由溢流管路排到储水箱，加水人员通过透明小水箱观测后手动停泵（见图1）。

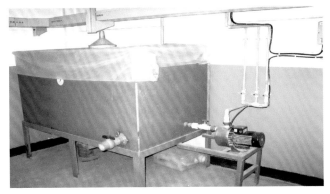

图 1　高位水箱自动加水装置

三、应用效果

实现了纯水加水工序由手动变自动，适用于整流系统纯水冷却装置运行中的自动补纯水和检修清洗管路中的自动加水冲洗及检修后的加水，大大节省了人力物力，方便职工。本装置获国家实用新型专利。

手车式高压开关柜检修专用二次插头

一、背景

KYN 系列可移开式高压开关柜检修或故障处理时需断开断路器后，将手车拉至柜外进行，存在以下问题：手车拉出柜外后与本体电气连接断开（因二次插头取下），无法进行分、合闸试验；需要频繁将手车推入试验位置进行分、合闸试验以判断故障，再多次拉至柜外修理，效率低、工作强度大。

二、解决方法

本检修专用插头主要由各一只二次插头和二次插座，用若干根 1.5mm²、长2.5m 的软导线一一对应焊接接起来并外部加防护套的导线束组成（见图 1）。

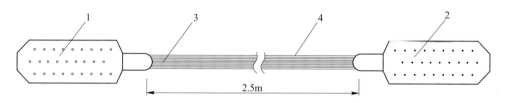

图 1　专用二次插头示意图

1—二次插座；2—二次插头；3—连接导线；4—导线护套

使用方法：手车拉至柜外检修时，将本检修插头二次插头插入开关柜本体插座内，另一端的二次插座插入手车二次插头，有效延长手车二次插头连接线，检修工作中分、合闸试验、机构传动检查等工作可在手车处于柜外的条件下进行。

三、应用效果

手车式高压开关柜检修专用二次插头，设计简单、运行可靠、有效提高了检修中的问题，检修人员工作安全得到进一步保证。

6kV 高压断路器的防跳电路板改进

一、背景

6kV VS1（ZN63-12 型）户内高压真空断路器原防跳板电源设计为交、直流通用，时常出现储能回路不通、储能电机不工作、分、合闸回路断线等故障，不能正常停送电。断路器采用机构和开关一体式设计，结构紧凑，增加了维修难度。

二、解决方法

针对此问题，对电路板控制电路分析后发现原电路板中的整流电路部分因变电所的控制回路采用直流供电而没有作用，不时出故障。在不改变开关原有接线、保护功能的前提下利用高压开关柜配有微机综保装置功能，拆除交流整流回路和串联分压电阻，使储能、分合闸回路简单化，可靠。将电路板改进为 DIP 插件热插拔式，故障时便于更换。改进前后电路板原理图如图 1 和图 2 所示。

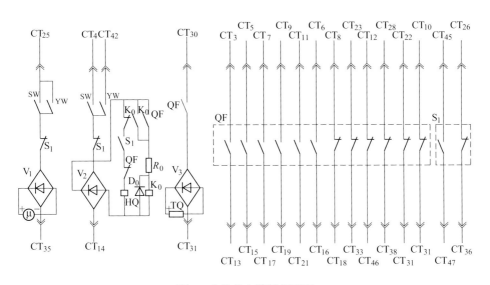

图 1　改进前电路板原理图

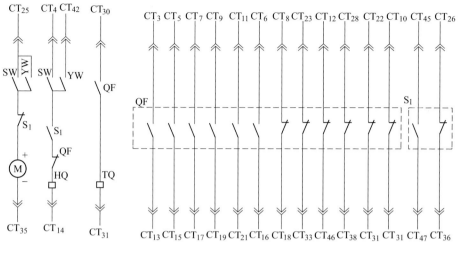

图 2　改进后电路板原理图

三、应用效果

在变配电站采用直流供电控制回路系统中，对此类型号断路器防跳电路板改进应用后，故障率降低明显，日常维修量减少，已推广应用。

35kV 电缆终端头制作工艺改进

一、背景

在高压电缆线路施工中电缆终端头制作工艺控制是有效控制电缆故障率的关键。对 35kV 单芯电缆多次电缆故障后的终端头（中间头）解剖发现，大部分故障点都集中在终端头应力锥处，35kV 故障率高。

二、解决方法

通过对 35kV 单芯交联电缆终端头绝缘击穿故障点检查分析，故障点多在外半导电层端口以下 70mm 的搭接部分，如图 1 所示。

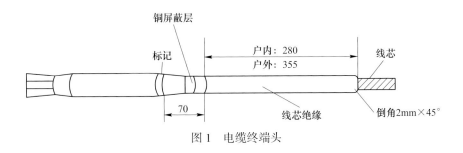

图 1　电缆终端头

搭接部分为电缆头制作过程中处理电场应力的关键部位，电缆外半导电端口到终端尾部的尺寸变短或变长，都直接影响整个终端电场控制效果，会造成局部场强畸变、电场分布不均，严重情况直接导致终端电场控制作用失效。

对电缆终端安装工艺搭接部分的尺寸存在问题，搭接部分安装尺寸过长，不利于电场的分散。经过对此制作摸索和分析，实际操作中将外半导电层端口以下的搭接部分尺寸从 70mm 减小到 65mm，对安装工艺进行了改进。

三、应用效果

改进 35kV 单芯交联电缆冷缩式户内、户外终端的制作工艺后，制作的电缆终端运行 5 年没有出现故障，说明工艺改进后使电缆外半导电端半导体层电场分布均匀，增强整个终端电场控制效果，降低了电缆故障率。

变配电站内高压联络开关柜防误闭锁设计应用

一、背景

供配电系统 35kV、10kV 高压配电柜应用的型号为 KYN61 系列 35kV、型号为 KYN28 系列 10kV 高压配电柜具有完善的"五防"功能配电成套设备。但作为变电站之间电源联络线，配电柜使用时存在线路带电，接地刀闸能够合闸的隐患。常规送电操作顺序是：（1）断开本站配电柜（负荷侧）接地刀；（2）断开上一级（电源侧）配电柜接地刀；（3）遥测线路绝缘后，上一级（电源侧）配电柜断路器合闸；（4）本站配电柜断路器合闸、完成操作。当完成送电操作前 3 项时，如本站配电柜出现断路器小车不能推入柜内、闭锁装置异常等情况需检修时，若此时操作人员疏忽，可造成带电合接地刀闸的后果。反之停电操作后果雷同。

二、解决方法

（1）在原有的高压柜"五防"功能基础上补充线路带电检测元件传感器，线路侧传感器检测到是否带电后的弱电信号转化为能够驱动电磁锁线圈可靠动作电信号，为闭锁接地刀闸合闸与否的条件。

（2）在进线高压柜接地刀闸操作把手插孔位置安装电磁锁，当线路带电检测元件传感器检测到线路带电时，电磁锁动作闭锁，接地刀操作把手不能插入接地刀操作孔中，达到拒绝操作接地刀闸目的（见图 1）。

（3）当线路带电检测元件传感器检测到线路不带电时，电磁锁锁芯解锁，接地刀闸操作把手方可插入接地刀操作孔中，接地刀闸方可进行操作（见图 2）。

三、应用效果

（1）对多台进线高压柜安装闭锁接地刀闸闭锁电磁锁后，经多次模拟试验、能够达到线路带电拒绝合接地刀闸的目的。

（2）为电气运行人员操作提供可靠安全保障。

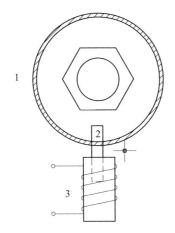

图1 电磁锁安装图

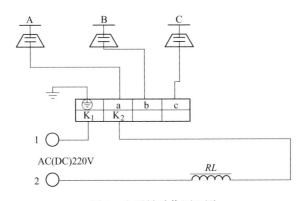

图2 电磁锁动作原理图

大电流硅整流机组桥臂温度
信号控制电路改进

一、背景

大电流硅整流机组整流桥臂采用的温度监视控制电路，正常状态下信号灯常亮，当发生温度过高故障时，信号灯由亮变灭，这在跟装在同一控制箱上的其他监控信号显示恰好相反（无故障时灭，有故障时亮），容易使运行人员造成误判断，给安全运行带来了隐患。

二、解决方法

原温度信号控制电路中监视信号灯（发光二极管）与温度接点并联，温度节点闭合，短接发光监视信号灯，信号灯由亮变灭；温度正常时二极管长期工作，容易损坏造成误判断（见图1）。将监视信号灯回路改装，和回路中的输出继电器并联接线，系统正常时，发光二极管不工作，电源变压器处于空载备用状态，解决了变压器长期存在工作电流引起的发热或损坏，温度节点闭合时接通信号回路，发光二极管变亮显示温度过高（见图2）。

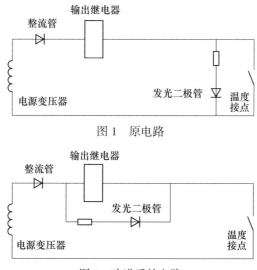

图 1　原电路

图 2　改进后的电路

三、应用效果

改进后，电路板在无故障时处于不工作状态，避免了电路板损坏的可能性；在同一整流所内故障显示状态统一，运行人员可很直观地判断出故障，避免了误判断现象。

工业管网桥架电缆敷设简易牵引装置设计与应用

一、背景

工业综合管网桥架上敷设电力电缆，由于桥架管网和其他设施穿插交错点多，用传统的人工敷设电缆，费时费力。遇到现场作业条件差、单根长度长达超过400m、工期要求紧等情况，困难更大。

二、解决方法

牵引装置由钢筋断切机、底座、钢丝绳绕线盘及防护罩、抱闸及防护罩、电气控制箱、软线远距离控制手柄为主要部件组成，设计牵引机结构及电气控制回路，框架底座强度能满足牵引机的拉力，设计牵引机的固定位置孔。使用时，牵引钢丝绳与电缆连接，操作人员在3m以外，电缆牵引速度5m/min，通过操作控制手柄控制正反转调节、紧急停止，具有拉力均衡、故障自锁等功能，设置电气安全连锁和机械安全连锁。

三、应用效果

解决了厂区综合管网桥架上敷设单根长度长达400~1000m电缆的难题，且适用性强，达到了预期的效果。操作简单、省时省力，提高了工效，有效降低了工程施工的安全风险。

无线传输技术在封闭式高压手车柜检修时的应用

一、背景

在检修 10~35kV 密封式高压开关时，高压开关动静触头的接触是否良好，插入深度是否合格，检修工艺质量是否满足要求，检修人员在调试中无法直接观测到，影响检修效果。

二、解决方法

检修开关柜时，将无线摄像头放置在开关的插头 B 相，摄像头正对静插头，用摄像头自带 WiFi 与智能手机无线连接，通过手机监视同平面的三相动静触头的动态变化。调试过程中，一人开始缓慢摇动手车，直到工作位置，全过程通过智能手机全程监视动静触头的接触过程，随时录像、抓图拍照。调试完上层插头后，再用同样的方法调试下层插头。

三、应用效果

此方法解决了封闭式开关柜手车插头调试工程中检修人员观察不到插头接触和插入状况的难题，简单有效、实用，提高了检修质量，可推广应用。

移动高频无扰动切换直流电源装置

一、背景

变电所直流供电系统,均采用大容量蓄电池组与智能充电装置并联运行方式,在变(配)电所直流电源更新、蓄电池组更换、整流模块维修等工作时,需中断直流供电,这将影响高压设备的可靠运行。

二、解决方法

为保证变(配)电所直流电源维修时,直流供电不中断,依据维修直流电源正常运行功率,采用性能高的高频整流模块为核心部件,自行制作了可移动的高频无扰动切换直流电源装置。

该装置由两组可调压高频稳压模块、IGBT 高速切换回路、电流检测回路、电压检测回路、故障检测回路、交流输入回路、直流输出回路、分路空开组成。可调压高频稳压模块作为装置稳压元件。电压检测回路具有输出直流电压跟踪检测、交流三相输入电压检测,实现过电压、欠压、缺相保护。电流检测回路可检测交流电流、直流电流,越限时实现过载、过电流保护;故障检测回路,检测两组高频稳压模块、整个回路电压和回路电流是否有故障。IGBT 高速切换回路,检测模块工作状态,当外部负载直流电源异常或其中一个稳压模块发生故障时,迅速无扰动切换至正常模块工作。直流输出回路设有反截止回路,可防止外部电流反灌。直流输出有两路总输出空开和八路分路输出空开,方便控制多回路负载。盘面布置输入、输出电压、电流、工作状态、过载、过压显示。现场使用时,正常输入三相交流,该装置自动检测输入、输出、模块等有无故障,若无故障,直流正常输出,电压表显示直流输出电压。该电压值可跟系统电压值比较,通过调节旋钮将输出电压调至系统值。在总空开断开状态下接入到系统直流系统,合上输出开关,实现零压差并联,断开所内直流系统后,可调压高频稳压模块正常切入工作,无扰切换、稳定输出,整体装置设计体积小、重量轻、功率大。

三、应用效果

该装置解决了直流电源更新、蓄电池组更换、整流模块维修等工作中,变(配)电所直流系统供电的不中断的问题。装置操作简单,体积小、重量轻、功率大、安全稳定可靠,可重复使用;能够实现与变电站在运直流系统并联运行,确保变电站直流系统不间断供电。

线路光纤差动保护标准化调试方法

一、背景

在微机保护装置调试工作中，因调试仪器、方法和现场因素，参加调试的人员不同，时常会出现同一保护装置，调试结果有差异，影响了调试的准确性和效率。在工作中通过对广东昂立电气自动化有限公司生产的ONLLY-A660型继电保护测试仪的操作调试，我们总结出一套有效的方法。

二、解决方法

（1）线路光差保护：差动实验前将标准量加入差动保护装置的电流电压通道，对通道进行校验，检查通道模拟量采集的准确性。

1）装置光纤自环调试：若本侧识别码等于对侧识别码，则装置进入是单机自环状态,将装置光纤TX口和RX口相连,此时装置对采集到的电流做如下处理：

输入装置的A相电流和B相电流分别作为装置"本侧"的A相电流和B相电流；

输入装置的B相电流和C相电流经过光纤自环后分别作为装置"对侧"的A相电流和B相电流；装置"本侧"和"对侧"的C相电流始终为0。

若是双机联调，装置的本侧识别码和对侧识别码需不相同，且一台装置的对侧识别码等于另一台装置的本侧识别码。本侧装置的光纤TX、RX分别连入对侧装置的光纤RX、TX。

以下差动实验以单机自环为例。

所有测试项目均应满足以下要求：

定值精度测试：0.95倍可靠不动作，1.05倍可靠动作；

动作时间测试：1.2倍定值时测量动作时间，应小于30ms；

验证比例系数。

2）突变量比例差动实验。

装置设置：

数值型定值：突变量比差门槛值为1A；

投退型定值：投突变量比差为 1，投稳态量差动为 0、投零序差动为 0。

实验步骤：

验证比率系数：三相继电保护测试仪设置 $I_c = 0.5A \angle 180°$，设置 I_a 大小后（角度等于 0°）启动实验，观察装置是否动作，若不动作，加大 I_a 后再启动试验，直至差动保护装置差动动作（约在 4.5A 左右），记录所加电流，验证突变量比率系数。

3）稳态量比率差动实验。

装置设置：

数值型定值：稳态量比差门槛值为 1A；

投退型定值：投突变量比差为 0，投稳态量差动为 1、投零序差动为 0。

实验步骤：

比例系数验证：三相继电保护测试仪设置 $I_a = 0A \angle 0°$，$I_c = 0.5A \angle 180°$，启动实验，调节 I_a 大小，使装置差动动作，记录所加电流，验证比率系数。

4）零序比率差动。

装置设置：

数值型定值：零序比差门槛值为 1A；

投退型定值：投突变量比差为 0，投稳态量差动为 0、投零序差动为 1。

实验步骤：具体实验步骤和稳态量比率差动实验一致。

5）利用三相继电保护测试仪"差动实验"菜单进行实验。验证比差系数可在三相继电保护测试仪差动实验中完成。需要注意装置电流 C 相需要接入三相继电保护测试仪第二组电流 A 相（I_{a2}）。三相继电保护测试仪差动试验中控制参数设置如下：

1/6，I_d、I_r 定义见图 1。

测试项目：选择"比例制动"；

动作方程 I_d：选择"|K1*I1+K2*I2|"；

制动方程 I_r：选择"|K1*I1–K2*I2|/K"；

制动系数 K_{zd}：选择"Id/Ir"，若是"突变量比率差动"此处选择"$\Delta Id / \Delta Ir$"；

K_1 设置为 1.00；K_2 设置为 1.00；K 设置为 1.00。

2/6，I_1、I_2 接线见图 2。

变化范围：0 → 10A；

图1 I_d、I_r定义

图2 I_1、I_2接线

步长：0.5A。

3/6，搜索 I_d 设置见图3。

搜索起点：10% 倍 I_r；

终点：100% 倍 I_r；

动作门槛：1A。

4/6，开关量设置见图4。

动作接点：根据接线情况选择，此处取"A接点"。

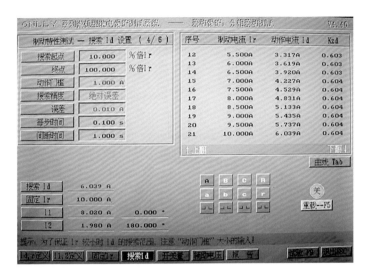

图 3　搜索 I_d 设置

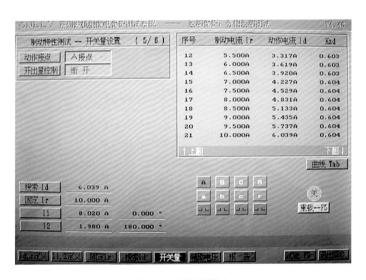

图 4　开关量设置

5/6，辅助电压见图 5。

6）注意事项：

差动实验时，若只在一侧加电流，未加电流侧需要投入弱电源侧控制字，否则未加电源侧不会出口。

稳态量差动中，如果差动电流大于 $15I_n$，不再受比率差动限制，属于速断区。

零序比率差动所用 I_0 为装置计算 I_0。

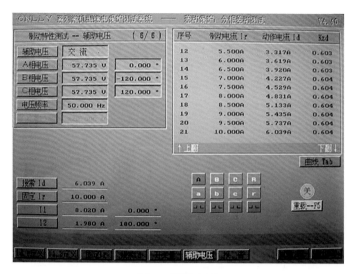

图5　辅助电压

突变量比率系数为0.8，A、C相所加电流（自环实验时）约为9倍关系可动作；稳态量和零序比差的比率系数为0.6，A、C相所加电流约为4倍关系可动作（仅在自环实验时）。

注意CT断线闭锁为瞬时闭锁（信号延时4s发）。

突变量电流比率差动只在40ms内投入。

装置自环时C相电流始终为0，nIa显示的电流是实际加到C相的电流。

（2）TA断线检测。

测试项目：CT断线告警功能测试；CT断线闭锁差动实验。

装置设置：装置采用自环，数值型定值，TA断线零序电流门槛为0.5A，TA断线零序电压门槛为1V。

实验步骤：

CT断线告警功能测试：启动三相继电保护测试仪，按提示操作，装置延时4s报TA断线、同时TA断线告警灯亮。

CT断线闭锁差动实验：装置投退型定值中，TA断线闭锁差动为1，投稳态量比率差动为1，数值型定值：稳态量比差门槛值为1A；

先重复上述方法使装置报TA断线告警。再加大三相继电保护测试仪 I_a 电流大于1A，此时装置应可靠不动作。

注意事项：

1）无论 TA 断线闭锁差动控制字是为 1，TA 断线始终闭锁"突变量电流比率差动"。

2）TA 断线闭锁差动是瞬时闭锁，延时告警，实验时应注意。

3）当差动电流大于 120% 额定电流时，TA 断线闭锁差动保护功能自动退出。

4）对侧 TA 断线信号传至本侧，本侧装置经确认后报"对侧 TA 断线"，与本侧 TA 断线做同样的逻辑处理。

三、应用效果

（1）长期调试工作总结出近乎标准化的调试方法，通过标准化的调试作业，调试过程和结果可控、规范、准确；省时、省力、安全。

（2）本套标准化调试方法是一线检修技师多年实践经验的积累，代表了最省时、最省力、最安全的作业方法。通过对实际情况和标准的对比，职工发现浪费、解决问题的能力会得到提高，生产效率也会随之得到提高。

（3）该套标准化调试方法可用于新职工快速熟练地学习掌握调试技能。

线路距离保护标准化调试方法

一、背景

经过多年的继电保护调试工作，总结出一套线路距离保护调试操作方法，能提高调试效率和准确度。本调试方法以广东昂立电气自动化有限公司生产的ONLLY-A660型继电保护测试仪的操作调试进行系统的讲解。

二、解决方法

（1）相间距离保护。

1）装置整定：投距离保护硬压板。设置各段保护阻抗定值相间距离Ⅰ段阻抗定值为1Ω、相间距离Ⅱ段阻抗定值为2Ω、相间距离Ⅲ段阻抗定值为4Ω；以及相间距离Ⅱ段时限为0.5s、相间距离Ⅲ段时限为1s。

2）继电保护测试仪设置：进入继电保护测试仪"距离保护菜单"，菜单共分七个页面：定值1、定值2、项目、故障、设置、开关量、模型。此7项分别对应控制参数设置区的7页参数，光标移动到此7项上时，控制参数翻到相应页面（或者按PgUp，PgDown进行翻页），此时按Enter键则光标切换进入主界面的控制参数设置区。

第一页：定值1——相间距离阻抗定值设置（见图1）。

其中Ⅰ段阻抗Z_1、Ⅱ段阻抗Z_2、Ⅲ段阻抗Z_3、Ⅳ段阻抗Z_4分别对应相间距离Ⅰ段、Ⅱ段、Ⅲ段、Ⅳ段阻抗定值的幅值、角度，此处设置应和装置相应定值一致。

R_1+jX_1、R_2+jX_2、R_3+jX_3、R_4+jX_4分别对应相间距离Ⅰ、Ⅱ、Ⅲ、Ⅳ段阻抗定值的电阻、电抗，在设置完幅值角度后自动生成。

Ⅰ段时间T_1、Ⅱ段时间T_2、Ⅲ段时间T_3、Ⅳ段时间T_4分别对应相间距离Ⅰ、Ⅱ、Ⅲ、Ⅳ段的动作时间定值，与装置定值一致。

第二页：定值2——接地距离阻抗定值设置（见图2）。

相间距离测试时此处不设置。

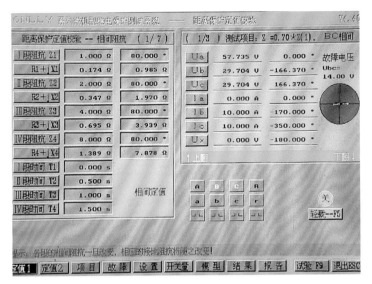

图 1　第一页

图 2　第二页

第三页：测试项目（见图3）。

根据需要选择各段阻抗定值的测试倍数，倍数可以改变，打"√"者表示选中测试；进行精度校验时一般选择0.70倍、0.95倍和1.05倍。

Ⅰ段阻抗 Z_1：选择Ⅰ段阻抗的各测试项目；

Ⅱ段阻抗 Z_2：选择Ⅱ段阻抗的各测试项目；

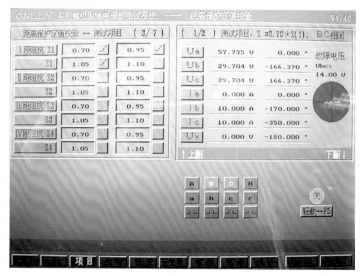

图 3　第三页

Ⅲ段阻抗 Z_3：选择Ⅲ段阻抗的各测试项目；

Ⅳ段阻抗 Z_4：选择Ⅳ段阻抗的各测试项目；

第四页：故障选择（见图 4）。

根据需要选择需要进行测试的故障类型，打 "√" 者表示选中测试，同时可设置该类故障的故障类别。

第五页：故障设置（见图 5）。

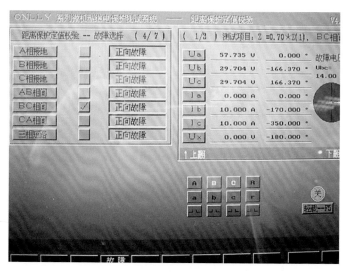

图 4　第四页

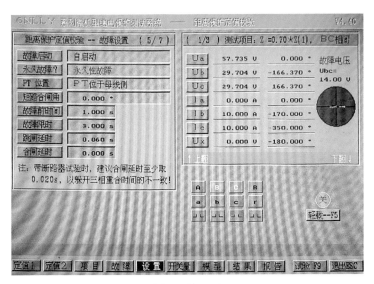

图5　第五页

故障启动：

自启动：本次子试验结束后，程序自动进入下一个子试验项目。

按键启动：本次子试验结束后，程序自动提醒，等待用户按键，控制是否进入下一个子试验项目。

注：每一个子试验项目的结束由"试验限时（故障限时）"参数决定。

PT位置：PT位于母线侧。

故障前时间：故障为"自启动"方式下有效。每次子试验项目测试前，测试仪均输出一段时间的故障前状态（即空载状态）设置为1s。

故障限时（试验限时）：每次子试验项目从进入故障到结束之间的时间。故障限时应大于该段保护动作时间，设定为3s。

跳闸延时：模拟断路器的跳闸动作时间，测试仪根据开入量的连接，一旦接收到保护的跳闸信号，经过"跳闸延时"后，方可进入跳闸后的电压电流状态。距此处设为40ms，即保护仪器接收到跳闸信号40ms后恢复正常电压和无电流状态，否则影响测距（311G保护装置是利用跳闸后20ms的采样交流量进行测距）。

第六页：开关量定义（见图6）。

测试仪的开入量一般连接保护的动作出口接点，本保护调试只使用其中的接点A。选择三跳接点。

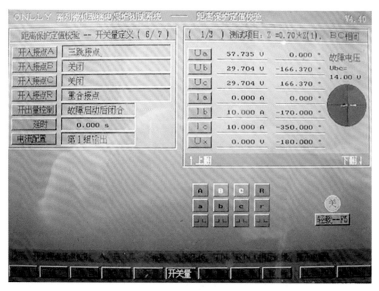

图6　第六页

第七页：计算模型。一般取"电流恒定"，即定电流（短路电流）方式。程序共提供了三种方式："Zs恒定"、"电压恒定"和"电流恒定"。

其他设置取默认即可。

3）试验步骤：

以相间距离保护一段为列。

装置设置相间距离Ⅰ段投退为1。

正向故障：

第三页：测试项目中选中Ⅰ段阻抗0.95、1.05倍。

第四页：故障类型，选中"BC相间"，同时在后面的方框内按Enter键选择正向故障。

启动试验，根据对话框提示进行操作。保护0.95倍应可靠动作，1.05倍应可靠不动作。同时装置所报距离应等于继电保护测试仪输出阻抗 × 线路全长/保护线路全长正序阻抗，误差不应大于±5％。

反向故障：

第四页：故障类型，选中反向故障，然后启动试验，根据对话框提示进行操作。保护应可靠不动作。

动作时间：

第三页：选中测试项目中Ⅰ段阻抗0.7倍。

第四页：故障类型，选中"AB相间"，同时选择正向故障。

启动试验，根据对话框进行操作，记录动作时间，距离一段动作时间要求小于30ms，其余延时段动作时间误差应满足：$-10ms \leqslant \Delta t \leqslant 30ms$。

其余各段试验在第三页测试项目中设置相应段参数，同时投入控制字，重复以上过程，启动试验即可。

（2）接地距离保护。

1）装置整定：零序补偿系数设置为0.67。投距离保护硬压板。

设置各段保护阻抗定值接地距离Ⅰ段阻抗定值为1Ω、接地距离Ⅱ段阻抗定值为2Ω、接地距离Ⅲ段阻抗定值为4Ω，以及接地距离Ⅱ段时限为0.5s、接地距离Ⅲ段时限为1.0s，阻抗定值和动作时限均应逐渐增加，接地距离偏移角度定值为30°。

2）继电保护测试仪设置：

进入继电保护测试仪"距离保护菜单"，进行设置。

第一页：定值1——相间距离阻抗定值设置，接地距离测试时此页不设置。

第二页：定值2——接地距离阻抗定值设置（见图7和图8）。

图7　定值2（一）

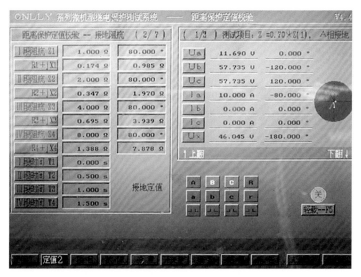

图 8　定值 2（二）

此页项目设置与第一页相间定值一致，当第一页相间定值改变时，此页对应项目会同时发生改变。

其中 I 段阻抗 Z_1、II 段阻抗 Z_2、III 段阻抗 Z_3、IV 段阻抗 Z_4 分别对应接地距离 I 段、II 段、III 段、IV 段阻抗定值的幅值、角度，此处设置应和装置相应定值一致。

R_1+jX_1、R_2+jX_2、R_3+jX_3、R_4+jX_4 分别对应接地距离 I 、II 、III 、IV 段阻抗定值的电阻、电抗，在设置完幅值角度后自动生成。

I 段时间 T_1、II 段时间 T_2、III 段时间 T_3、IV 段时间 T_4 分别对应接地距离 I 、II 、III 、IV 段的动作时间定值，与装置定值一致。

第三、五、六页同相间距离设置。

第四页：故障选择。

进行接地距离调试时，选择 A 相接地、B 相接地或者 C 相接地。

第七页：计算模型。

补偿系数 KL：短路阻抗 Z_L 的零序补偿系数，取 0.67。

3）试验步骤：

正向故障：

以接地距离保护一段为列。装置接地距离 I 段投退为 1。将第七页测试项目中Ⅰ段阻抗 0.95、1.05 倍选中。第四页：故障类型，选中"A 相接地"，同时在后面的方框内按 Enter 键选择正向故障。

启动试验，根据对话框提示进行操作。保护 0.95 倍应可靠动作，1.05 倍应可靠不动作。同时装置所报距离应等于继电保护测试仪输出阻抗×线路全长（d310）/保护线路全长正序阻抗（d311），误差不应大于 5%。

反向故障：

第三页：测试项目中Ⅰ段阻抗 0.95 倍选中，第四页：故障类型，选中反向故障，然后启动试验，根据对话框提示进行操作。保护应可靠不动作。

动作时间：

第三页：选中测试项目中Ⅰ段阻抗 0.7 倍。第四页：故障类型，选中"A 相接地"，同时选择正向故障。

启动试验，根据对话框进行操作，记录动作时间，动作时间误差瞬时段要求小于 30ms，其余延时段要求满足 $-10\text{ms} \leqslant \Delta t \leqslant 30\text{ms}$。

其余各段试验在第三页测试项目中设置相应段参数，同时投入控制字，重复以上过程，启动试验即可。

4）注意事项：

偏移角度定值的作用时在短线路应用时，将方向阻抗特性向第一象限偏移，以扩大允许故障过渡电阻的能力，线路越短取值越大。改变偏移角度对定值校验没有影响，但动作特性圆会以原直径为弦向第一象限偏移。

试验时，需正确整定动作定值，保证距离Ⅰ段定值<距离Ⅱ段定值<距离Ⅲ段定值<距离Ⅳ段定值

故障相电流必须大于 $0.4I_n$；

接地距离选相采用零序电流启动定值选相，注意正确整定零序电流启动定值 d485 不大于故障时零序电流。

试验时，正确整定，保证距离Ⅰ段定值<距离Ⅱ段定值<距离Ⅲ段定值<距离Ⅳ段定值。

三、应用效果

（1）班组通过制定继电保护标准化调试方法，让职工根据这套流程来完成工

作。通过标准化作业的建立，职工们的操作更规范、稳定，有效地减少变动造成的浪费。

（2）通过近年来的实践，这套标准化调试方法能让新职工快速地熟练调试技能；同时，职工更有机会找到更精益的操作方法，更有时间推进改善优化。

（3）本套标准化调试方法是一线检修技师多年实践经验的积累，是省时、省力、安全的作业方法。通过对实际情况和标准的对比，职工发现浪费现象、解决问题的能力会得到提高，生产效率也会随之得到提高。

电动工具便携式恒压充电电源

一、背景

现场大量使用如电动断线剪、压接钳、钢筋剪等充电式电动工具，使用频率高时，电动工具原配电池常常出现欠压、充不了电、电池失效等故障；且电动工具类型多、电池型号不一、使用电压不同，备用电池采购困难，工具故障时影响电动工具的连续使用。

二、解决方法

电动工具便携式恒压充电电源电气原理图见图1。

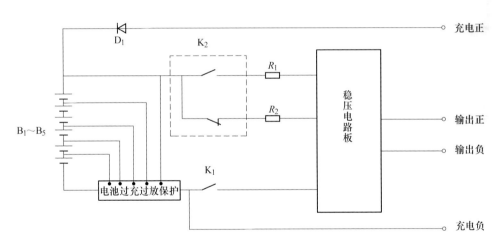

图1 电动工具便携式恒压充电电源原理图

B₁~B₅—内置充电锂电池；D₁—二极管；K₁—电源开关；K₂—调压开关；R₁，R₂—电阻

该装置由内置电源电池 B_1~B_5、电池过充过放保护模块、电源开关 K_1、高 / 低电压切换开关 K_2、稳压 / 调压电路模块、反极性保护二极管 D_1、内部电池充电输入端口和外部输出端口组成。电池过充过放保护模块内部设置 CMOS 电路、旁路放电、电流检测、电压检测电路，内置 CMOS 电路保护具有故障时可迅速切断电路，故障消除时可自动恢复正常通路状态，代替了传统的保险管保护的方式；稳压 / 调压电路模块通过开关 K_2 操作进行输出电压粗、细调节，稳压电路

板模块还设置了稳压单元，适合 12~20V 之间的电动工具电池容量大小充电或电源使用。

三、应用效果

装置使用结果表明，解决了多种电动工具出现的如电池失效、充不了电和原充电器不能使用等问题，在户外电缆施工及抢修工作中得到广泛使用，携带方便，延长了电动工具的使用寿命；还可作为小型电器应急电源使用。

多功能晶闸管测试仪在整流设备中的应用

一、背景

晶闸管元件是大功率整流设备的关键器件，当设备运行不正常，需判断晶闸管元件是否正常时，通常要将晶闸管元件拆卸下才能进行测试，拆装难度大、拆装工作量大、停机时间长，对生产造成大的影响，如何在线准确测试元件的好坏是个难题。

二、解决方法

（1）测试晶闸管元件是否良好。根据晶闸管的特性制作了此测试仪，测试电路如图 1 所示。在电路中，把表笔线 A、K 分别接在元件的 A、K 极上，用 G 表笔线碰一下元件的 G 端再离开，如果元件的性能良好，可看到 LED 灯泡持续发光。如果元件性能不好或已坏了，这时可看到有三种现象：1）不用碰 G，接上 A、K 就直接亮了，说明元件已击穿；2）碰上 G 灯泡不亮，说明元件已断路；3）碰上 G 灯泡亮，取下即灭，说明元件性能不好，也不能使用。可在不用拆下元件的情况下，方便在线测试其好坏，大大减小的工作量。

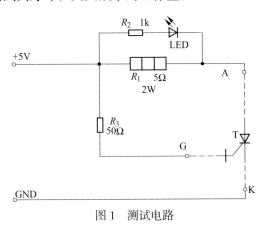

图 1   测试电路

（2）不用拆下元件，可方便测出其管压降。根据元件导通的条件，A、K 之间必须有足够高的电压差（即大于管压降）才能构成导通。每个晶闸管元件的导通压降都在 0.7~1.2V 之间不等，这个压降主要受制造工艺所影响，每个都不同。

这样，并联元件如果管压降相差太大，那么，管压降低的优先导通，把首尾端电压强制在最小管压降的值，从而导致压降高的晶闸管元件就不会导通，无形当中降低了整个系统的输出功率。并联元件示意图如图 2 和图 3 所示。

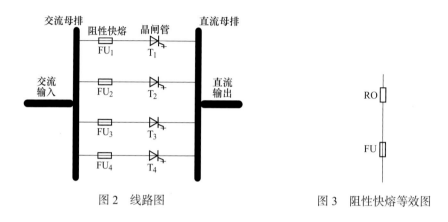

图 2　线路图

图 3　阻性快熔等效图

以前在检修和维护当中，没有有效检测手段，采用停电换元件"试"的办法，直到正常为止。针对这个问题，本测试仪在测试晶闸管电路基础上内部增加了高精度测试电压表，在测试性能期间，同时在高精度电压表上直接显示管压降，性能相差比较大的直接更换掉，克服了"盲目更换"的问题。原理图如图 4 所示。

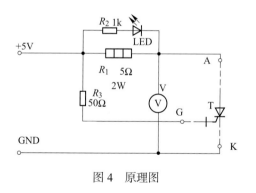

图 4　原理图

在测试晶闸管的过程中，把三个表笔分别接上被测元件，此时元件导通，同时，在高精度电压表上可显示出 A、K 之间的电压差，这个值就是"管压降"。四个元件可在线分别测试，就可对比出不同性能的元件来。

（3）0~5V 可调模拟量输出功能，原理图如图 5 所示。图 5 为 0~5V 电压调节，可满足一般模拟量的要求。当调节 R_4 时，在 R_5 上分得的电压和电流发生了变化，

通过 Q_1 放大，可实现 Q_1 多关断到全导通状态的连续可调，即 0~5V。

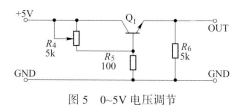

图 5　0~5V 电压调节

（4）4~20mA 模拟量可调输出功能。在 0~5V 的可调电路后加一个 0~5V 转 4~20mA 的变送器。在调节 0~5V 电压的同时，变送器同时跟随 4~20mA 的电流输出。电路原理如图 6 所示。

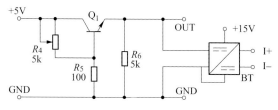

图 6　0~5V 转 4~20mA 电路原理图

此多功能测试仪，还集成了调试整流设备反馈和给定专用的模拟量生成器，包括了 0~5V 和 4~20mA 连续可调的信号生成器，还提供了 CPU 主板模拟运行的 5V 标准直流电压，解决了整流设备检修和调试中的多种困难。

三、应用效果

该仪器（见图 7）已应用于某单位所有整流元器件的在线测试和参数检验，能快速排查出性能有差异的元件，挑选出性能参数接近的元器件直接更换，效果良好。信号发生器可模拟出各种信号，便于自动化参数监控和闭环调节。

图 7　实物图

硅整流设备配套板式热交换器清洗装置

一、背景

有色金属冶炼企业大量使用的硅整流设备，通常采用板式热交换器作为冷却设备，用来冷却主水。一般情况下，副水采用的是生产水，在热交换过程中由于水温的变化，容易在热交换器片上附着一层水垢，需用定期对热交换器进行拆卸清洗。热交换器片在反复拆卸清洗时容易损坏，密封胶垫也容易变形，导致无法使用。热交换器安装精度要求高，劳动强度大，费时费力，检修效率较低，影响整流设备的按时投运。

二、解决方法

设计制作了一种板式热交换器在线清洗装置，该装置由清洗剂（清洗剂和水一定比例混合）水箱、循环泵、进水管路、出水管路等组成，如图1、2所示。进水管路由热交换器副水进水管上引入，出水管路由热交换器副水出水管上引出，循环泵加装于清洗剂水箱侧面，采用耐腐蚀自吸泵，水泵吸水管与清洗剂水箱连接，出水管与热交换器副水进水管连接，清洗剂经过反复试验选用第奥克斯-98清洗剂。

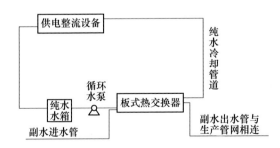

图1　热交换器冷却工艺流程图

在热交换器不拆卸的情况下，在副水进水阀门前加装一个除垢剂输入阀，在副水出水阀门前加装一个除垢剂输出阀门，在设备清洗时关闭副水的进出口阀门。

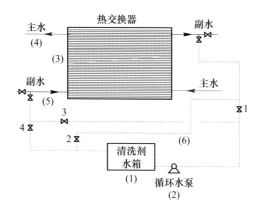

图 2　热交换器副水交换器片清洗工艺流程图

1—清洗剂水箱；2—循环水泵；3—热交换器；4—主水水管；5—副水水管；6—清洗连接管

参照图 1、图 2 说明工作原理：

（1）清洗前，先对热交换器进行开式冲洗，使热交换器内部没有泥、垢等杂质，降低清洗剂消耗。

（2）将配好的清洗剂注入热交换器中。

（3）清洗：将注满清洗溶液的热交换器静态浸泡 2h，然后连续动态循环 2~3h，其间每隔 20min 进行正反交替清洗。正向清洗步骤是开 1 号、4 号阀门，关 2 号、3 号阀门，反向清洗步骤是开 2 号、3 号阀门，关 1 号、4 号阀门。

（4）水洗：清洗结束后，用清洁水，反复对热交换器进行冲洗 30min，将热交换器内的残渣彻底冲洗干净。

（5）清洗结束后，对热交换器进行水压试验。

三、应用效果

可实现不拆卸清洗热交换器减轻了职工劳动强度，提高了检修效率，应用效果较好。

供风管道消声气水分离器

一、背景

厂区供风管网配置有疏水系统，主要目的定期排出其管道内的污物、冷凝水等杂质，防止堵塞用户管路或在冬季形成冰堵现象。由于排放过程中没有消声装置，在排放时出现较高的噪声。

二、解决方法

在排污阀的出口处选定位置，首先利用材质是不锈钢的节流孔板，限制最大排气量，而后在节流孔板后焊接不锈钢筒体，内部填充有消声作用的不锈钢丝网，再在筒体上配置数量充足的排泄小孔，将分离的水分排出。具体图示如图1所示。

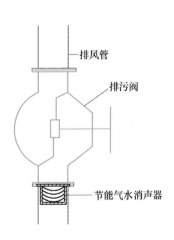

图1 实物图及安装示意图

三、应用效果

该装置先通过节流孔板对风量节流减量，而其中的冷凝水和污物则通过侧壁孔洞排出，实现冷凝水和压缩风有效分离，消声装置可使排气时的噪声明显降低。

自洁式过滤器滤筒寿命延长的改进

一、背景

自洁式滤筒过滤器一般采用下部进风，利用间歇反吹方式来去除滤筒上的灰尘颗粒，以保证滤筒的过滤阻力在规定范围之内，若过滤阻力超过设计的范围，就需要更换新的滤筒。这种工作模式特别适合周围空气粉尘含量较少的环境，但对于周围空气含尘量较高的环境，由于滤筒承载过大的负荷，往往就会因滤筒柱体表面富集厚厚的粉尘导致阻力超标而加速失效，其使用寿命显著缩短。

二、解决方法

分析存在的问题，关键的影响因素是滤筒内部粉尘预沉降缓慢，增大了粉尘对过滤器滤筒的压力。解决具体措施如下：

通过抬高进风孔，减少大颗粒粉尘进入吸风口，改变气流方向，使大部分重质粉尘在惯性的作用下进入沉降室，定期对沉降室和滤筒内的粉尘进行清理，可避免滤筒收尘器对粉尘的二次吸收。其原理如图 1 所示。

改进前后效果对比如图 2 所示。

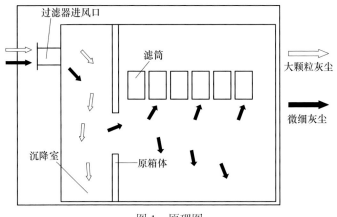

图 1　原理图

（a）

（b）

图 2　改进前后效果对比图

（a）改进前；（b）改进后

三、应用效果

通过改进，滤筒更换周期由原来的每季度更换一次变成最少每两季度更换一次，使用周期延长一倍以上，同时降低了检修人员的劳动强度。

冶金炉窑循环冷却水简易管道过滤器的应用

一、背景

冶金炉窑循环水泵房的冷却塔经长期运行后，会出现冷却塔填料老化脱落以及冷却塔钢筋混凝土的长期腐蚀剥落等现象，这些颗粒状杂物最终会进入循环冷却水系统。若长时间不能得到有效清理，会造成送水池内杂物经送水管网后堵塞冶金炉窑冷却水套及回水喷头，严重威胁冶金炉窑的安全稳定运行。

二、解决方法

在水泵出口管道上安装简易管道过滤器（见图1和图2）。该过滤器安装在水泵出口阀门之后，循环水通过过滤装置，大块杂质被滞留在滤筒内。关闭过滤器前、后阀门，在过滤器滤筒及外筒间隙之间通入蒸汽，使吸附在滤筒内的沉滞物在蒸汽气泡的作用下脱离滤筒，再在外筒与滤筒间隙之间及排污管道上通入反洗水，使沉滞物引流、排出。

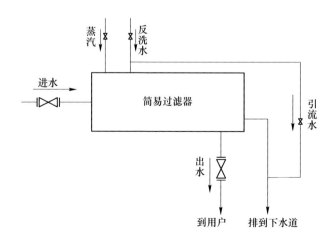

图1　简易管道过滤器安装示意图

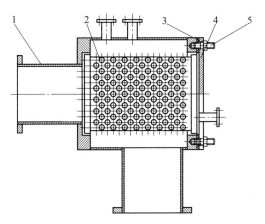

图 2　简易管道过滤器结构图

1—外筒；2—滤筒；3—密封圈；4—端盖；5—紧固件

三、应用效果

通过在水泵出口管道上安装简易过滤器过滤杂质，并定期对滤筒内杂物进行清理，有效解决了大块杂质对用户设备堵塞的难题。

虹吸法更换离子缸树脂操作法

一、背景

整机纯水净化装置净化树脂在使用过程中逐步疲劳、失效，需定期在设备运行状态下进行更换。传统更换树脂采用人工掏挖，由于树脂离子交换柱高度在1.3m左右，较深，直径200mm，不易掏挖，人工操作费时、费力，底部有残留，残留树脂无法彻底清除，造成新树脂二次污染，影响净化装置运行质量。

二、解决方法

第一步：关闭纯水冷却器离子缸进、出水阀门，对运行电机进行防护。

第二步：将离子缸顶部端盖固定螺栓均匀松动，打开离子缸顶部端盖。

第三步：使用一根直径 $\phi19mm$、1.5m 长的塑料软管，将管子一端扎住，一端对准水龙头嘴部，注满水。

第四步：将塑料软管一端插入树脂离子交换柱底部，另一端伸入外置的空水桶中，水桶高度低于树脂离子交换柱高度，利用"虹吸法"原理，将离子缸底部树脂彻底吸出（对于残留的树脂，可适当开启离子缸底部阀门，通过主水反流，将其彻底抽出）。

第五步：将活化的新树脂装入离子缸，大约容量 70% 即可。

第六步：恢复离子缸顶部端盖，注意交叉紧固、均匀施力，防止渗漏。

第七步：打开离子缸出水阀，缓慢打开进水阀，打开排气孔将气体完全排出。操作方法如图 1 所示。

三、应用效果

该操作法通过多年应用，取得了较好成效，采用"虹吸"原理实现整机纯水冷却器离子缸树脂无残留更换，改进了传统工艺方法。

图 1　操作方法

母线安全送电五步操作法

一、背景

某变电所 35kV 开关柜采用户内交流高压气体绝缘金属封闭开关设备（简称充气柜），整柜采用空气绝缘与六氟化硫气体隔室相结合结构。该设备电缆头采用插拔式接头，本柜内无法遥测绝缘；母线侧刀闸封闭于柜体内部，运行中只能依靠外部机械指示，无法观察刀闸实际位置，出现刀闸机构故障引起的位置与实际指示位置不一致，未能及时发现，按常规方式母线送电容易引起母线短路事故。

二、解决方法

针对 35kV 充气柜内刀闸为三工位开关（a 主断口分开的隔离位置；b 隔离开关主断口接通的合闸位置；c 接地侧的接地位置见表 1）和各小室的结构特点，总结出电源侧变电所遥测绝缘母线安全送电五步操作法。

表 1　三工位

工　位	隔离开关	接地开关
a	分	分
b	合	分
c	分	合

（1）一合：合上 35kV 进线及母线连接处所有刀闸（打至 b 工位），合上 35kV 进线断路器；

（2）二遥：从上一级变电站 35kV 电源出线侧遥测绝缘合格；

（3）三断：断开进线断路器、进线及母线连接处所有刀闸（打至 a 工位）；

（4）四送：待上级变电站 35kV 出线带电后，按照先送电源侧再送负荷侧的原则，先合刀闸（打至 b 工位），再合断路器进行送电；

（5）五查：35kV 设备送电正常后，借助外部仪表及机械指示进行检查。

三、应用效果

此操作方法已在某单位 35kV 变电站实施 3 年，未发生过操作故障；对同类型的组合封闭式开关设备母线安全送电具有借鉴价值。

电机变压器

小改造解决大型变压器主、
副油箱窜油故障

一、背景

经过长时间运行的整流变压器和电力变压器，各种密封件老化严重，尤其是有载开关密封圈老化后，主副油箱在制造时有高差，形成变压器主副油箱窜油，使副油箱油位异常升高而高油位报警，甚至从变压器副油箱防爆管和呼吸器喷油，影响变压器的安全运行。采取更换密封圈办法，造成停电时间较长，检修较高成本。

二、解决方法

采用连通器原理，升高或降低副油箱中心位置，让其处在同一平面上，简单高效地解决了主副油箱窜油问题。

三、应用效果

在多台大型电力变压器和电炉变压器上采用该方法，实现现场问题处理，节约了检修成本，缩短了检修停电时间。

电动机端部绕组切割机
设计制作与应用

一、背景

在修理大型电动机铜质漆包线绕组过程中，为了保证嵌入铁芯中的绕组线圈顺利从铁芯槽中拉出，操作时需将铁芯加温到约200℃的高温，手工剪断每槽端部绕组，用拔线机按槽拉出；铜质绕组手工剪切后有卷边，从铁芯槽中拉出过程中对高温铁芯有损伤，效率低，修理工期长，为此针对低压280~350kW电机设计了电动机端部绕组切割机。

二、解决方法

根据检修实际设计制作了电动机端部绕组切割机，该装置由传动电机、树脂切割片、定位把手、保护罩和固定支座等组成（见图1）。固定支座由盖板20mm厚1200mm×1200mm的方形钢板，表面均匀分布安装旋转支撑轴承6盘制作，5.5kW电动机作为传动电机安装在固定支座上，电机轴伸端安装联接一长的轴一

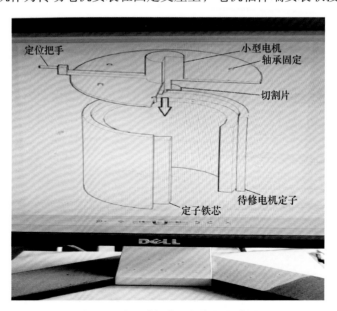

图1 电动机端部绕组切割机组成图

端安装树脂切割片，电机旋转动能带动树脂切割片旋转对电机端部绕组进行切割，树脂切割片对端部铜线进行电动切割，替代手工铁剪子剪电机端部绕组。利用 6 盘轴承和定位把手实现导向变径，定向动态调节切割半径和偏心量，使用于不同电动机定子壳体开口尺寸，切割片在定子内腔运动，操作安全可靠。增加保护罩防止切割片出现崩裂时飞出的碎块伤人；旋转控制靠操作者单人的手臂力量实现。

三、应用效果

经对多台电机修理实践，该装置操作简单且安全，减少了加热工序，对定子铁芯无损伤，修理效率、质量提升明显，每台电机清除定子绕组可减少约 30 工时，可在电动机修理行业推广应用。

大型电动机现场转子抽芯装置

一、背景

大型电动机总重量达到 13t 以上，在用户生产现场电机出现故障，传统的抽芯方式为起吊设备将转子两端作为受力点，其中一端加延长杆频繁起吊并移动受力点位置，平行将转子移出定子，起吊频繁，起吊过程受力不稳定，为避免定、转子刮蹭间隙控制难度大，电机抽芯检修成了难题，需要一种简单使用方便的现场抽芯装置。

二、解决方法

经过检修实践，设计制作了大型电动机转子抽芯装置。该装置由移动小车、液压千斤顶、转轴抱紧等部件组成，应用机械杠杆原理，完成移动、升降、转轴抱紧功能。抽芯时，转子一端加延长杆用起吊设备将转子起吊，另一端与移动小车转轴抱紧组件将轴抱紧操控千斤顶，配合起吊设备控制转子重心平衡和间隙，控制操作滚轮，同步配合起吊设备平行使转子从定子腔内抽出分离。该装置与起吊设备配合使用，减少起吊次数，转子重心平衡和间隙控制稳定，避免相互摩擦对铁芯槽楔及定子绕组的损伤。

三、应用效果

该装置操作简单，解决了电动机现场抽芯起吊频繁和起吊中定子、转子发生刮碰难题，间隙调整方便快捷，人力配合少，降低了劳动强度和起重工作的安全风险。

电炉变压器一次套管金属压盖
发热原因分析与处理

一、背景

冶金炉窑使用的电炉变压器的引出线套管压盖出厂设计大多是导磁的钢质压盖，在运行中电炉变压器一次电流较大时，压盖产生环流导致钢质压盖发热（如图1所示），损坏密封胶垫，出现渗漏，严重时烧坏与之连接的电缆接头。

图1　4000kVA电炉一次钢压盖，涡流电流烧坏

二、解决方法

将变压器的引出线套管导磁钢压盖改成不导磁的铜压盖，解决一次环流发热问题（如图2所示）。

图2　检修后4000kVA电炉变一次铜压盖

97

三、应用效果

将多台电炉变引出线套管导磁钢压盖改成不导磁的铜压盖，经过长时间运行，未发现压盖发热现象，密封胶垫运行周期明显延长，也减少了变压器与外部连接线发热的故障。

多功能电动机联轴器拔取装置与应用

一、背景

在电动机进行电机抽芯检修、更换轴承时，需要将电动机轴伸端的联轴器拔取下来，对于电动机轴中心高度超过250mm的电动机需使用较大的普通三爪拉马，甚至需要使用50~100t的三爪拉马来拔取电动机联轴器。但较大拉马其重量都在100kg左右，使用时需多人协作搬运，有时还需起重机械专门配合，拔取工作费时费力，遇有场地受限时，搬运转移还存在人员人身伤害及设施受损的安全隐患。

二、解决方法

多功能电动机联轴器拔取装置，集起重、移动、拉马高度可调、拔取四位一体，其制作和结构图如图1所示。

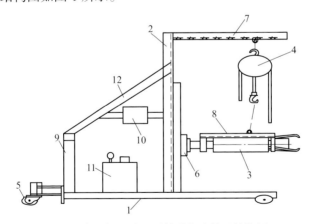

图1　多功能电动机联轴器拔取装置结构图

1—底座；2—支架；3—液压拉马；4—2t倒链；5—万向轮；6—液压拉马导向滑块；7—横梁；
8—拉爪紧固件；9—推把；10—电源线盘；11—电动液压站；12—拉筋

在电动机拔取联轴器时，只需将该装置人工推至电动机联轴器端，根据联轴器直径大小调节倒链吊环、挂环位置，进而调整液压拉马的高度至联轴器中心位置，慢慢平行移动小车使三爪抓住联轴器并锁紧，启动液压系统，联轴器即可缓缓拔取下来。实物图如图2所示。

图 2　装置实物图

三、应用效果

该装置集起重、移动、拔拉高度可调，与联轴器装配简单，适应不同电动机联轴器拔取；结构简单、省时省力、安全可靠、节省搬抬人工 3~4 人、场地适应性强，解决了高吨位拉马单独使用时的安全隐患。

制氧与空分设备

低温液体杜瓦罐充装方式的优化改造

一、背景

杜瓦罐是一种高充装量的低温液体容器，相较于气体充装容器而言，其容量是同体积气体充装容器的 600 至 800 倍，因此杜瓦罐的使用范围越来越广，日充装的数量也逐年增加。

原杜瓦罐充装是采用大型平底罐储槽常压自流灌装模式，与大型低温液体槽车充装共用一个充装接口。该方式充装时间长，不能满足充装数量的增长需求；与大型低温槽车充装时不能充装杜瓦罐，充装效率低，导致低温液体汽化损失。

二、解决方法

将杜瓦罐充装与大型低温液体槽车充装分开设置，将常压自流充装改为自增压充装，设置多接头同时充装，解决相互干扰与安全管理难题，提升充装效率。

具体方法：在带压低温储罐（氧储槽、氩储槽）去低温液体泵的出液口上分出一条支路，并分别配置五个充装接头，对支路部分保温处理，降低传热气化损失。

充装时，利用低温液体储槽自增压系统，将低温液体储槽压力提升至 0.4~0.5MPa，提高进液速度，减少充装时间和充装时的气化损耗。加装紧急切断阀，利用 PLC 远程控制升压阀，并实现逻辑联锁和调节装置；配置安全防护栏杆，增强防护水平。

实施后的效果图如图 1 所示。

图 1　实施后的效果图

三、应用效果

将原只有一个接头的充液装置，改进为 5 个充液接头，每次，可同时充装 5 个杜瓦罐，充装效率大幅提升。

使用加压充装后，实测一瓶杜瓦罐由 3~5h 自流充装缩短为不到 1h，气化损失降低至约原来的三分之一。

采用隔离装置和远程操控技术，有效降低员工接触低温液体的时间，安全可靠性大幅度提升。

低压液氧水浴式气化系统的工艺优化

一、背景

低压液氧水浴式气化系统用于制氧设备故障状态下，通过蒸汽加热水，水再加热液氧来实现液氧的汽化，应急补充用户所需氧气。在实际运行过程中，经常会发生因循环水泵叶轮腐蚀、密封泄漏或机械卡死等导致热循环水泵出现损坏的故障。配套的蒸汽管道易出现水锤现象，引起系统的自动调节阀门、管道与支架振动过大，致使蒸汽管道焊缝开裂，存在蒸汽喷出伤人的安全风险。

二、解决方法

通过深入分析以后，发现存在问题的原因为：热水循环水泵运行中热水温度不易控制，加之其散热条件不好，导致其运行环境较为恶劣而出现损坏。管道水锤现象是蒸汽阀门关闭不严，发生少量蒸汽泄漏，将原本在水浴环境下喷头处的气泡破裂转移至管道内破裂，带来强振动现象。

解决措施：采用带压蒸汽取代热循环水泵，充分发挥蒸汽的压力能和自然对流传热，利用蒸汽调节阀和蒸汽喷头的优化来替代搅拌的功能，达到原设计标准；将原配置的蒸汽气动调节蝶阀由 DN65 改为 DN80 气动调节截止阀，消除不可靠的泄漏问题；利用保温绝热的措施，将管道内破裂的气泡转移至喷头处破裂，防止管道内的气锤现象，消除剧烈振动带来的失效风险（见图 1）。

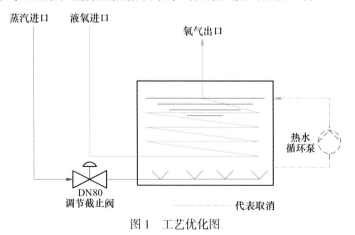

图 1　工艺优化图

三、应用效果

取消热水循环泵,在满足原设计汽化能力的同时消除了故障多发点,降低检修、维护成本。

通过更换蒸汽调节阀门的口径及型号,实现了水温的有效控制,消除了水锤导致的管网振动及蒸汽喷出伤人的安全风险。

大型进口水冷式电动机漏水监测技术改进

一、背景

大型水冷电动机一般均配备漏水检测保护，其目的是及时检测出循环冷却水的泄漏，采取措施避免其洒落在电机绕组上面，造成电机绝缘下降或引起线圈接地甚至短路。

原制氧机组空压机大型电动机采用的是浮子式漏水监测探头，通过承液盘的水面上升来驱动浮子触发接点动作发出泄露信号。这种检测方式存在检测滞后、反应不灵敏且故障率较高等缺点。

二、解决方法

利用电容传感器触水后介电常数将立即改变的特性，采用电容传感器漏水检测方式取代浮子式漏水监测方式来快速准确监测电机冷却器是否漏水。具体措施如下：

（1）卸下电机原漏水监测探头底部螺母，将内部浮漂取出，加工铜质丝堵并在丝堵中间位加工出 M12 螺孔，安装上电容传感器；配套在电动机励磁柜内安装一个信号隔离放大转换器，用于检测信号增强及防止干扰，然后输出至励磁柜 PLC 的 DI 点上。

（2）当冷却器发生漏水故障时，只要检测承液盘内存在少许积水，PLC 就可及时发出漏水报警信息，经通讯传输至有人值守的监控电脑，迅速做出响应。

三、应用效果

经改进的漏水检测系统，已成功提前预警了两起电机冷却器轻微泄漏故障，经停机后仔细查找，确定存在冷却器管束漏点，监测准确可靠能有效避免由于漏水而致的设备事故。

大型空气压缩机节能改造

一、背景

大型空气压缩机是现代化工业生产的动力基础设备，其消耗的电能占总能耗的 15%~30%，因此也是节能重点关注的领域。当空压机与用风压力不匹配，出现高压低用时，会产生严重的高能耗现象。如某供风单元中，设置了四台 5CⅡ275MX31 机型，该设备是三级压缩，出口设计压力为 0.8MPa，但其中两台却用于供 0.3MPa 的压缩风，因此存在严重的不合理能源消耗。

二、解决方法

改造技术方案及内容如下：

（1）将三级叶轮和配套的齿轮可逆性拆除；

（2）设计制作没有齿轮的三级假轴，保持油路系统循环不变；

（3）利用三级轴承测振装置改造为基准振动探测器，强化对设备振动监测对比；

（4）重新修改匹配控制参数，适应新的工作模式。图 1 为改造后的现场图和工艺参数图。

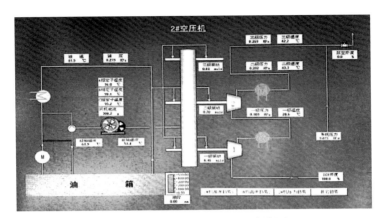

图 1　改造后的现场图和工艺参数图

三、应用效果

改造后，出口压力与用户需求实现了合理匹配，消除了不合理工作轮的能源消耗，节约了大量的电能消耗。例如针对 5CⅡ275MX31 机型，配置功率为 4200kW 的设备，改造后每台功率下降 1500kW，节能量达到了 35.7%。该项改进还具有节约备件消耗，降低检修维护难度及减少配套循环冷却水等优点。

大型压缩机除油烟系统改进

一、背景

大型压缩机轴承在承载高速运转的过程中，由于摩擦发热，可导致冷却润滑油产生大量的油烟，经电动除油烟系统后排出至大气中。在实际运行中，电动排油烟系统由于布置在室内，存在电动排风扇长时间运行容易产生故障，密封接头处容易渗油，与空气接触容易受水分污染和氧化，还有部分原配置的电动除油烟系统的排口直接放置在室内，造成室内空气污染，油烟吸附在电缆、设备、设施上，形成火灾安全隐患。

二、解决方法

利用文丘里效应，采用压缩氮气引射，将动设备改为静设备即取代了电动除油烟系统，实现与电动除油烟系统同样的功能，从而提高系统可靠性。

经改造后的排烟系统，可以将烟气排放口延伸至厂房外部，使产生的油烟与氮气混合后排放至厂房外部大气中，提前将油烟稀释，消除火灾隐患条件；同时加装捕雾回收装置，实现达标排放。改造前后效果图如图1和图2所示。

图1　改造前

烟气排放管

氮气管道

减压阀压力表

压缩机油箱

图2　改造后

三、应用效果

（1）由动设备改为静设备，大幅度减少润滑油泄漏点；利用干燥氮气，降低了空气中水分污染及油质氧化劣化趋势，提升了设备运行的可靠性。

（2）改善了厂房内部环境，有利于员工身心健康，消除了由于油烟形成电缆绝缘层被污染的火灾安全隐患。

多套制氧机组加温系统改进措施

一、背景

一般，每套制氧机组均设有单体加温气源管道，用于对低温运行设备加温、吹扫、试压、检漏等，满足恢复至常温后检修维护的需要。但原有这种独立设计模式存在主空压机故障后失去加温气源的缺陷，导致低温状态下没有加温保护气的设备容易倒吸入外界潮气，形成冻堵现象，对设备的密封形成破坏，严重时将导致设备报废。

二、解决方法

针对这种现状，结合现场有多套制氧机组的有利条件，将每套制氧机组加温管道进行连通，实现加温气源共享的目的，消除主空压机故障后该套机组无法使用加温气源的缺陷。

具体做法：在每套制氧机组加温气联通管道之间安装了 2 个 DN50 不锈钢蝶阀，控制加温气的走向。达到了多套机组中只要有一套机组不停车，则既保证了单套机组加温气的自给自供，又保证了其他机组的加温气的供给的效果。某单位三套制氧机组加温管道具体联接方式如图 1 所示。

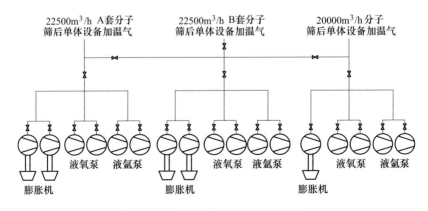

图 1 三套机组加温管道联通示意图

三、应用效果

提升了加温系统的连续性和可靠性，有效解决了原来设备停车后没有固定可靠的加温气源问题。

可以满足停车后使用干燥压缩空气对分子筛系统进行检漏的压力需求，避免了使用压力氮气的窒息性风险。

当采用干燥压缩空气进行加温吹扫时，可以实现管道、容器的置换，避免打压检漏时漏入低压氮气的安全隐患。

空气压缩机润滑油系统自动
温控阀的改进

一、背景

在西门子、英格索兰、库伯、阿特拉斯等进口压缩机的油路系统上，均配置了 AMOT 热力膨胀自动温控阀。由于长时间的使用，自动温控阀会出现控温能力下降，调节精度减弱等弊端。尤其当夏季冷却水温高，其混流后，可能出现冷油温度不高而润滑油温达到报警值，加速润滑油品质劣化，影响空压机稳定运行。

二、解决方法

测量冷油和混合后油的温差，若在 10~15℃之间，且冷油温度低于润滑油设定温度 5℃，使用如下方法改进：在热油进温控阀的油管处，加装限流装置（节流孔板，一般为不锈钢板钻孔），在不影响混合后油压的前提下，依据流量和温度需要，将节流孔的大小缩减至 20~30mm，可以有效地将混合后的润滑温度降低到所需要的理想范围 40~45℃。改造前后原理图对比见图 1 和图 2。

三、应用效果

有效地解决了自动温控阀带来的润滑油温升高和调节精度减弱的问题，延长了自动温控阀的使用寿命；降低了检修频次，节约了运行成本，提升了设备运行的可靠性。

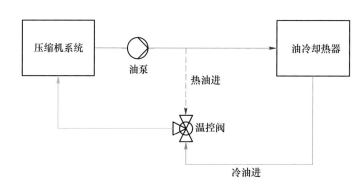

图 1　改造前流路

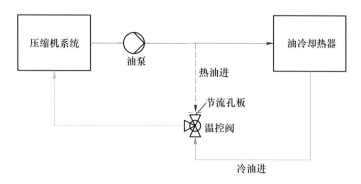

图 2 改造后流路

冷却器防电化学腐蚀技巧

一、背景

在工业化大规模生产中，由于开式冷却循环水会随着水分的蒸发电导率逐步上升，加之设备冷却器制造材质存在电位差，会导致电化学腐蚀的现象发生，引起冷却器管束加速腐蚀，缩短其使用寿命，加大检修维护成本。

二、解决方法

利用牺牲阳极法的原理，选择冷却器端面空余面，通过在冷却器端面两边钻孔后安装低电位金属锌块，当发生电化学腐蚀时，产生的微电场捕获水中盐类介质并结晶，同时对管束进行保护，从而达到延缓腐蚀的目的（见图1和图2）。

图1　冷却器加装锌块后前后对比

图2　冷却器端面及锌块腐蚀情况

其诀窍的关键是选择合适的位置，同时注意重点保护的部位，以及微电场保护的作用距离，才可以达到事半功倍的目的。检修时注意清除其结晶物，让锌块进一步发挥作用。

三、应用效果

（1）降低设备检修维护成本，安装锌块后冷却器无明显腐蚀，也未发现管束泄漏。

（2）成功将腐蚀转移至锌块，端面及管道周内部的"泡状结瘤"大幅度降低，有效延长冷却器使用寿命。

防逆转系统在柴油机保安水泵上的应用

一、背景

柴油机保安水泵是应急供水装置，用于大面积停电时的临时供水。由于柴油机与水泵是硬连接，停机时若员工操作阀门失误或出口止逆装置故障，很有可能导致柴油机逆转，进而改变原有进、排气流工作流程，破坏润滑系统的压力建立，造成柴油机烧瓦抱轴事故。

二、解决方法

为防止柴油机保安水泵逆转，在柴油机主轴上安装机械式摩擦式防逆转系统，当柴油机水泵出现逆转时，直接锁定柴油机主轴，使柴油机不能逆转。其原理是利用锲型块正常运转时靠离心力脱离与主轴接触；当发生逆转时，弹簧力克服离心力后锲型块与主轴接触，实现防止逆转。若止逆机械装置失效，则启动第二层保护操作，给恒扬程止回阀控制电磁阀发关闭指令，强制进行阀门关闭，并通过PLC系统发出报警通知操作员工，及时手动关闭出口阀门，进一步确保止逆成功。其原理图如图1所示。

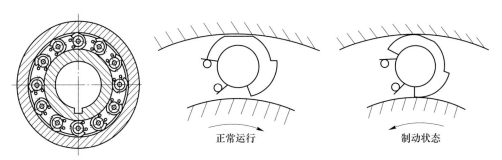

图1　逆止器接触及非接触状态楔块的位置图

三、应用效果

使用该技术后，柴油机在异常逆转的情况下有了可靠的保护措施，安装该装置后，再没有发生柴油机逆转的设备事故。

提高大型深冷制氧机组运行经济性的措施

一、背景

大型深冷制氧机组热态启动至氧产品输出，总耗时需近 72h（加温吹扫约 36h），合格液氩产品的输出则需要 168h，这期间大量耗能却无产品输出。当机组临时停车后的冷态启动，受冷设备能力限制，建立正常生产工况的时间就会延长。如果遇到冷量制取核心装置——膨胀机出现故障，不能及时恢复，则制氧机组就会因为冷量不足以维持正常状态而被迫停车，再启动或等待处理则要消耗大量的电能而无产品输出。

上述因素的存在，会导致制氧机组产品综合能耗上升，影响用户的使用，且对炉窑连续稳定生产带来不利的干扰。

二、解决方法

（1）利用低压氮气对冷箱实施充氮保护。将多套制氧机组未经加压的低压氮气通过联网方式汇集，作为正常情况下氮气压缩机的原料气。当其中有制氧机组停车后，通过低压干燥氮气取出自动调节阀，少量逆向充入已停机组的冷箱内容器，使之保持微正压（约 3kPa）状态，从而避免外界湿空气进入其内，实施充氮保护。

（2）制氧机组及系统热启动过程中，当塔体降温至积液阶段，主冷液面达到 200mm 后，采用液氮回灌的方式，将液氮储槽中的液氮临时通过金属软管反向经主冷液氮出口阀门 V_8（如图 1 所示）向主冷系统输送液氮，减少无效功耗所需时间。

（3）制氧机组冷态停车后再启动或膨胀机出现故障需要较长时间恢复时，通过主冷液氮出口阀门 V_8 快速向主冷系统输送冷源，达到快速建立正常工况，减少恢复生产时间。

三、应用效果

（1）冷箱系统实施充氮保护后缩短热启动之前的加温吹扫时间约 30h，减少

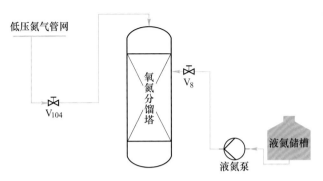

图1　充氮保护和液氮回灌示意图

了电能消耗。

（2）利用液氮回灌方法，既缩短氧气产品制取时间约20h，也避免采用液氧回灌而导致的污氮含氧超标问题。

（3）临时用液氮替代液氧进行冷量补充，避免了系统停车或待产，增强了制氧生产系统的稳定性。

（4）降低了设备启动过程中空气排空而产生的噪声污染。

（5）利用低压高品质氮气产品代替价格颇高的压缩氮气保护设备，降低了压缩氮气操作失误带来的安全风险。

提升空分大型旋转设备润滑油冷却系统可靠性的措施

一、背景

大型空分关键旋转设备的润滑油冷却系统是系统的关键辅助系统，其可靠性对机组长期稳定运行至关重要，在长期的运行实践中，润滑油冷却系统逐渐暴露出如下问题：

（1）单一油冷却器由于电化学腐蚀，导致运行过程中润滑油泄漏至水侧，污染水质后对后继的分子筛净化工艺造成碳氢化合物超标。

（2）润滑油泄漏导致整套空分系统全线被迫停车检修，影响下游冶炼工艺的稳定生产。

（3）通常采用人工依据水体表面的油花来判定润滑油系统泄漏，有一定的难度，且结果滞后。

二、解决方法

采用双油冷技术，实现在线切换维修，避免系统停车处理。原理如图 1 所示。

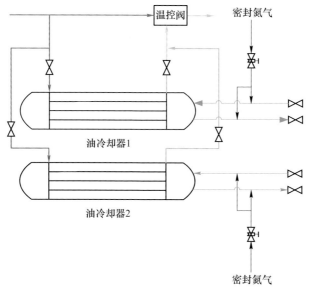

图 1　双油冷配置系统图

油箱安装毫米级翻版液位计，将液位参数通过压力变送器远传至 DCS 控制系统，实现在线实时监控。

通过设备运行时间来判断润滑油液面下降是否是正常损耗，从而动态设定联锁报警值，提前发现润滑油泄漏现象。

当发现润滑油泄漏，可以切除泄漏组，投用备用组，然后对泄漏组进行封堵维修后投入备用。

三、应用效果

实施双油冷和油箱液位在线监控技术后，可以有效保证润滑油系统的可靠运行，杜绝了由于油冷却器泄漏而导致的设备停车现象，同时在冷却器传热劣化情况下，多了应急调控手段，大幅度提升了设备日常管控水平。

提升某制氧机组分馏塔液氧蒸发器 工艺系统安全的措施

一、背景

某制氧机组日常利用蒸汽喷射汽化系统，集中排放部分液氧来防止 C_nH_m 化合物在液氧中的超标聚集，达到稀释液氧蒸发器中 C_nH_m 化合物浓度的目的，保障制氧机组的工艺安全。

此工艺操作虽然在保障工艺安全上能满足要求，但存在如下缺陷和产生安全风险：（1）不连续排放的模式仍然存在 C_nH_m 化合物局部聚集的可能；（2）员工接触危险低温液体和高温蒸汽的几率增加；（3）冬季气化蒸汽回落分馏塔楼梯，出现结冰现象；（4）被蒸汽汽化的液氧不可回收利用，造成蒸汽、氧气的排空浪费。

二、解决方法

思路：将不连续液氧排放改为连续液氧排放；将汽化的液氧回收至低压氧生产系统。

具体的做法：增设一套连续空温式液氧汽化系统，原有液氧蒸汽喷射汽化系统作为应急低温液体排放设施予以保留。这样就达到了连续安全的排放部分液氧，防止 C_nH_m 化合物在液氧蒸发器内聚集的目的，也满足了应急状态下，大量低温液体迅速排放的目的。

从消除安全风险考虑，将原汽化器并联工作模式改为串联工作模式，达到增大换热面积和防止低温液体复热不足进入常温管道产生安全隐患的效果；采用定液位调整模式，实现低温液体的连续排放时制氧工艺稳定；设置液氧气化混入氧气管网复热后的温度连锁，即当低压氧出塔口温度测点 TIA102 < 5℃或 TIA103（氮气出塔温度）－ TIA102（低压氧出塔温度）>10℃时，实现 V_7 阀与主要设备及参数的联锁关闭，避免操作失误导致的复热不足缺陷。改造后工艺如图 1 所示。

三、应用效果

通过液氧连续排放措施，进一步降低了 C_nH_m 化合物局部聚集的可能；大幅

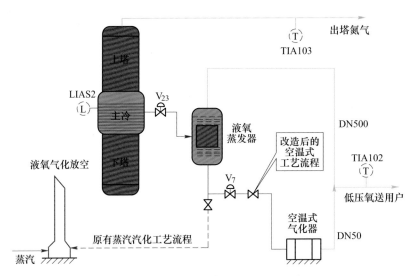

图1　改造后的碳氢化合物控制工艺示意图

减少员工接触危险低温液体和高温蒸汽的几率；消除了冬季气化蒸汽回落至分馏塔楼梯的结冰安全隐患。

提升后的分馏塔液氧蒸发器连续排液工艺，避免了短时间内集中排液对制氧工艺系统的干扰，提高了分馏塔系统工艺参数的稳定性。

采用连续空温式液氧汽化系统，每年节约蒸汽约260t，回收氧气约 $80×10^4m^3$（标态）。

同步电动机励磁控制系统性能提升

一、背景

大型制氧机组配置的同步电机励磁控制系统是保持设备稳定运行的关键辅助设备。原配套的设备在启动前没有模拟调试模块，无法在正式启动前对启动过程中的往来参数进行检测，对配合动作的元件和动作顺序及连接、通讯等的可靠性验证，极易导致启动失败。而启动失败后因同步电动机有启动保护时间要求，不允许连续启动，其间隔最长达 8h，恢复生产时间延长。

二、解决方法

增设调试模块和提升控制系统性能，检验其中不可靠的启动环节，消除潜在的故障隐患，提高启动成功率。

（1）电气测试模式：当选择励磁电流调节控制模式及测试操作模式时，模拟测试参与启动的四个高压断路器（运行柜、启动柜、星点柜、切换柜）的启动合闸时序及投励时序，发现是否存在四个高压开关及直流调速器故障。

（2）实现励磁电流给定控制或功率因数闭环控制：增设励磁电流启动模式，消除在启动过程中由于投励环节带来的不稳定性问题，然后在启动成功后切换至功率因素环节，实现对励磁电流的闭环控制回路。

三、应用效果

（1）技术改进后空压机一次启动成功率大幅提升，提高了生产保障能力。

（2）降低了频繁启动导致的设备冲击损耗，降低了由于励磁装置原因引起的跳车故障次数。

延长油冷却器使用寿命的技术措施

一、背景

油冷却器用于冷却机械设备的润滑油，是大型机械动设备的关键部件之一。常见的问题是油冷却器冷却管束在备用过程中，水侧阀门的泄漏或循环冷却水的不流动导致冷却管束腐蚀穿孔，若不及时发现冷却水进入润滑油中会产生极其严重的润滑破坏事故。

二、解决方法

经统计分析，油冷却器在备用状态下的腐蚀效应是使用状态下的 3 ~ 4 倍，水侧微生物和电化学反应是导致腐蚀泄漏的关键，需要采取措施强化水侧保护，降低不流动的循环水对铜管束的腐蚀。

具体的方法是：在油冷却器冷却水路上安装保护氮气管道及阀门，对备用状态下的油冷却器进行充氮保护，消除该状态下的腐蚀作用条件，达到延长油冷却器使用寿命的效果。改造后的结构如图 1 所示。

图 1　改造后的结构图

三、应用效果

（1）油冷却器在备用期间进行了良好的保护，同比延长了油冷却器的使用寿命约一倍。

（2）消除了水进入润滑油内造成油脂浊化失效的故障现象，降低了检修维护人员的劳动强度。

一种提高分子筛系统吸附剂更换效率的方法

一、背景

现代大型空分装置一般均采用分子筛净化工艺流程，目的是利用其优良的选择吸附能力来除去原料空气中的水、二氧化碳、碳氢化合物等杂质，满足空分系统的使用要求。

分子筛内装填吸附剂约 50t 来满足工艺要求。每当进行吸附剂更换时，需要检修人员通过窄小的检修孔进入筒体内，对颗粒状吸附剂（粒径约 2~4mm）进行逐袋打包装运，这种方式存在检修维护人员长时间处于粉尘污染工作环境中，体力消耗大，工作效率低等问题。

二、解决方法

依据吸附剂几何形状小和单位颗粒重量轻的特点，利用真空吸附原理，设计制作了吸附剂取出装置，达到高效、安全可靠更换吸附剂的目的。

装置工作模型如图 1 所示。通过电机驱动透平机械，使之产生约 1kPa 的负压，将吸风口软管插入吸附剂内，则可使吸附剂顺利被吸出，然后经过输送管道送至接料仓打包，从而完成旧吸附剂卸料工作。

图 1　装置工作模型

当进行新的吸附剂装填工作时，可以转换吸入口，从而将吸附剂吹送至分子筛筒体内。

三、应用效果

（1）原分子筛吸附剂卸料工作需要 4 个连续不断的工作日、10 人配合才能完成，采用该装置后，目前只需要 2 个工作日，4 人配合即可完成该工作；装料则从原来 3 个连续不断的工作日、10 人配合变为只需要 2 个工作日、4 人配合即可完成该工作。

（2）避免了人员长时间在分子筛筒体内工作，降低了检修人员接触吸附剂的时间，体力消耗较小，粉尘污染和劳动环境大幅改善。

优化大型冶金炉窑冷却循环水的技术措施

一、背景

大型冶金炉窑冷却循环水是冶金炉窑安全运行的关键环节，设计循环水供应一般采用独立供水模式，防止相互干扰，突出重点保障的目的。随着冶金炉窑运行模式的优化，炉窑与配套设备的相关性进一步强化，配套设备的运行安全也影响炉窑的正常作业率，设备水和炉体水两种配置，分属于同一地点两个不同的泵房管辖模式，炉窑高可靠性的保障水不能用于设备保障水，优质水资源不能共享。

二、解决方法

将设备水与炉体水合并考虑，利用炉体水配有独立的柴油应急水泵，来提高设备水的保障能力，达到水资源共享的目的。

通过送、回水管道整合，将设备循环水系统并入炉窑水系统，整合后炉窑、设备循环水系统可同时给炉窑、设备循环水、低压设备循环水三路用户供应冷却循环水。

在炉体水与设备水的送、回水总管处各设计一个 DN400 的连通管，通过阀门控制管道的连通，提高故障状态下设备循环水的保障能力。

图 1 和图 2 为某企业炉体和设备循环水优化的实例。

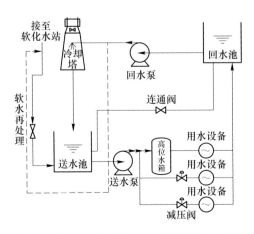

图 1　合成炉循环水系统设备与电炉循环水并网工艺流程图

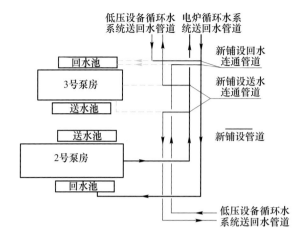

图2 合成炉循环水系统设备与电炉循环水并网管道布置图

三、应用效果

优化后，冷却水资源得到了充分利用，设备水保障能力进一步提升，系统变得简单易操作。

炉体循环水系统作为设备循环水系统的备用水源，利用炉体水系统完善的多路保障能力，可有效提升设备水系统的可靠性。

改造完成后，在炉体冷却循环水正常供应的情况下，可实现对设备循环水送水池及冷却塔下杂物的清理。

机械加工、工器具

天车、电动葫芦操作手柄
与绕线安全定置装置

一、背景

工业厂房内配置的天车、电动葫芦，多采用手柄线控方式，操作过程中随车运动，停车后将手柄悬挂。由于操作手柄线缆较长，没有相应的收纳装置，易导致现场的手柄悬挂随意，线缆缠绕、磨损或磕碰损坏。

二、解决方法

为解决该问题，设计制作了天车操作手柄与绕线安全定置装置。该装置由滚筒和手柄固定卡槽构成，如图 1 所示，可安装在天车、电动葫芦运行起点位置下方墙壁上方 1.5m 处。使用时操作人员将手柄从卡槽中取下，拖拽手柄控制电缆，滚筒可自动转动松开电缆，即可操作进行起重作业。起重作业完毕后，操作人员将手柄控制线缆绕回于滚筒上，并将手柄置入卡槽中，即可将电缆收纳于绕线桩内。

图 1　绕线安全定置装置

三、应用效果

避免了天车、电动葫芦操作手柄与电缆放置随意凌乱的问题，实现了操作手柄与电缆的定置管理，也使操作手柄、电缆及线控器得到很好的保护。

3MSGE+30/15 型空压机气体冷却器结构改进

一、背景

某车间 22500m³/h（标态）制氧机配套 3MSGE+30/15 型主空压机组在设备解体检查过程中，经常发现其一、二级空气冷却器热侧出现传热翅片局部破损，拉紧螺栓脱落，冷却器管冷却效果不良等问题，影响到空压机的安全稳定运行。

二、解决方法

（1）通过分析，确定气体冷却器芯子翅片损坏现象是由于进气侧气体流速较高所致。采取的措施是加装不锈钢扰流板，通过降速扩压方式分散气流冲击点，大幅度降低气流对该区域冷却器翅片的冲刷（见图1）。

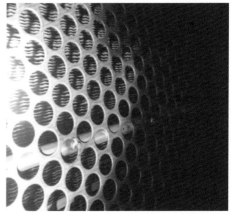

图 1　空压机气体冷却器结构改进

（2）扩大冷却器水管的通径，将原翅片材质从铝片改为紫铜片，增强换热能力；加强支撑框架和筋板，提高冷却器的抗弯能力；对拉紧螺杆支撑进行抗震和抗磨损处理。

（3）在空间节省优化后的冷却器冷侧加装冷凝液捕获装置，降低冷凝水液滴对叶轮的冲击。

三、应用效果

通过对冷却器结构上的改进，传热效率提高，冷却后温度从约40℃降低至约30℃；翅片破损、拉紧螺杆脱落问题彻底解决；抗弯矩增强，防止了安装过程对冷却管束的损伤。

大型进口空压机冷却器芯抽装工具的设计与制作

一、背景

大型进口多级压缩空压机，一般中间冷却都采用壳管式结构，中间冷却器芯多采用翅片或螺纹式冷却管束，体积和重量庞大。长度一般都在6m以上，重量在8~10t，管壁约1.2mm，管数量在500~600根。

该类冷却器在，在进行抽芯检修过程中，缺乏专用工具，大多直接采用桥式吊车进行抽芯，容易对冷却器芯子的镍铜管束造成永久性塑性变形损伤，形成管壁减薄区和皱褶区，导致冷却器芯子管束提前泄漏而失效，被迫停车检修；且不易查找泄漏点，检修费时费力。

二、解决方法

为解决问题特设计一套大型冷却器芯子的无损伤抽装专用工具（见图1）。通过测量冷却器壳体距地面高度、冷却器芯子宽度，设计冷却器抽芯专用托举小车，在托举小车上装配滚动滑轮，将其置于配套的小车导轨之上，将托举小车设计为梯形结构，焊接组装，提高其稳定性和通用性。在小车滚轮，在导轨上滚动运行，既降低摩擦阻力，又保证抽装过程不脱轨。

图1　大型进口空压机冷却芯抽装工具

在进行冷却器芯抽装作业时，先将导轨固定在抽取位置，冷却器芯抽出大约2m后，推动托举小车置于冷却器芯下方，通过木块调整垫平冷却器芯后，在冷却器前端加挂一水平导链，进行牵引水平拉动。利用托举小车的滑轮在导轨上水平滑动，可以安全、平稳的将冷却器芯子抽出，避免了吊车抽装动作导致的弯曲变形，也防止了左右晃动对冷却器芯子外壁可能造成的损伤。

三、应用效果

（1）在不增强原冷却器抗弯矩能力的前提下，利用该冷却器芯抽装工具，成功避免了抽装过程对冷却器芯子的损伤。

（2）抽装过程由8人，18小时作业，降低为4人，6小时作业，检修效率提升了三倍。

水泵对轮拆卸专用工具

一、背景

检修水泵时拆卸对轮、轴承、叶轮需要使用液压三爪，但由于液压三爪的长度无法调节，三爪无法固定到对轮一侧，找不到着力点，现场检修时无法使用，只能用铜棒靠人工强行拆卸，容易损伤水泵对轮；用火焊切割，稍有不当，就会损伤水泵本体及零部件，给检修水泵带来很大难度。

二、解决方法

这一工具提供一种三爪长度可以任意调整的水泵拆卸专用工具。

该专用工具（见图1）用一个自制的活动支架，外围均匀布置三个拉爪，用螺丝将拉爪固定到活动支架上，中间螺孔安装丝杠旋入活动支架内，根据检修需要任意调整三爪的长度，即可拆卸不同尺寸的水泵叶轮。

图1 水泵对轮拆卸专用工具

三、应用效果

本水泵拆卸工具，制作方便、易于操作，为同类检修作业提供了一个简易、快捷的拆卸工具，值得推广。

一种高效大型气体冷却器检漏方法

一、背景

对于大型气体冷却器的检漏工作，由于其尺寸大，管束多且密集（多达400~500根），单根管长约6m，总重量达7~8t，要想准确找到其中的泄漏管束进行封堵，难度特别大。

传统的检漏方法是在冷却器两端同时进行逐根通水试压检漏，查找泄漏的管束长达72h费时费力，效率十分低下，且还易出现漏检的现象。

二、解决方法

设计制作了如下装置：测量冷却器芯子与壳体大小，依据其外形设计制作受力框架，用于固定在冷却器的端板上，起位置固定作用；在受力框架中间设置可移动的位置限定桥架，用于固定测试单根管束的注水接头，目的是在较长时间的操作过程中有序测试，防止错位或漏检（如图1所示）。

图1　大型气体冷却器检漏方法

检查漏点时可以采用多管同时试压方式，首先按排进行检漏，确定泄漏位置在哪一排，然后在有泄漏这一排中定位是哪一根管存在问题。既能快速定位泄漏的位置，又有效避免漏查。

三、应用效果

该方法将原来 72h 打压检验时间减少至 24h 以内，大幅提升了检修工作效率，有效防止了试压水的喷溅和遗漏问题。

一体式气瓶推拉车

一、背景

在检修作业过程中，氧气、乙炔气瓶拉运必须使用专用危化车进行拉运，转运不方便增加危化车台班，且现场多为露天作业，存在氧气、乙炔瓶暴晒的安全隐患。

二、解决方法

根据气瓶的实际长度设计车身结构，利用三角稳固原理，车体高度为1.1m，车身倾斜30°，车身长度大于气瓶的长度，加装遮阳板的长度为气瓶的长度，支架底部焊接一块钢板，小车可以直立放置，在小车三角机构底部安装3个ϕ160mm的轮子使得车身可以推拉。车体连接部位采用四杆联动机构，满足前轮及支杆机构收缩，如图1所示。

图1 一体式气瓶推拉车

三、应用效果

利用该推拉小车搬运气瓶，大大降低了作业人员搬运气瓶的劳动强度，避免了可能存在的气瓶砸脚等伤害事故的发生。在气焊作业过程中放置气瓶，可以防止气瓶倾倒；有效避免气瓶受暴晒；减少了危化车台班使用数量。

组装式吊装手推车

一、背景

某整流所整机循环水泵安装在距地面 3m 的地坑中，由于地坑底部检修空间狭小，无法在地坑中进行检修作业，在每次检修水泵时都需要汽车吊配合将水泵移至地面进行，检修费用高且存在安全隐患。

二、解决方法

制作一个可组装支架（见图1）；在支架顶部焊接一个吊装横梁，并加装活动吊装环；在支架底部安装滚轮，用来移动支架。

图1　组装式吊装手推车

现场检修时，将手推车组装固定在地坑泵上方，利用手推车支架配合使用倒链将循环水泵吊至地面，移动至检修区进行检修，检修结束后将循环水泵吊装至原位。

三、应用效果

手推车体积小、可组装、可移动；使用灵活、安装运输方便。节约了地坑安装方式水泵的检修成本，减轻了职工劳动强度，大大提高了检修效率。

一种多功能开启井盖工具

一、背景

开启井盖的工作看似简单，但这是一道每天都会大量重复的工序，尤其是遇到年久失修，承重过量导致变形的井盖与带有卡槽的井盖，开启时费时费力，影响工作效率。传统的开启井盖工具携带不方便，开启带有防盗卡槽的井盖操作困难。

二、解决方法

多功能开启井盖工具由锤子、铁钩、转轮、加力杆组成；主体结构左端为三角式，在三角架右端有一连杆，三角架的顶端为铁锤，底端为锥型铁杆，连杆上部为与其垂直的带转轮的滑杆，下部为与其垂直的 T 型铁钩与加力杆，连杆末端为弯形铁钩（见图 1）。各部分功能如下：铁锤采用球状构造，主要用于敲击井盖，使得井盖通过振动而松动；锥形铁杆主要用于清除井盖周圈与井口座圈之间缝隙的杂物与泥土；带转轮的滑杆主要用于操作缺失手轮的蝶阀；T 型铁钩主要用于开启带锁井盖；加力杆主要用于操作缺失手轮的蝶阀时给带转轮的滑杆提供助力；弯形铁钩主要用于开启带开启孔的普通铸铁井盖。

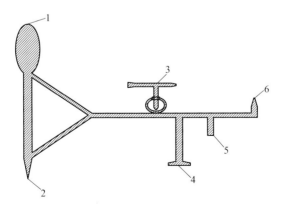

图 1　结构示意图

1—铁锤；2—锥形铁杆；3—带转轮的滑杆；4—T 型铁钩；5—加力杆；6—弯形铁钩

图 2 为多功能工具使用图例。

(a) 铁锤使用

(b) 开启普通井盖

(c) 撬起井盖

(d) 开启带锁井盖

(e) 管钳使用

(f) 开启无手柄阀门

图 2　工具使用图例

三、应用效果

多功能开启井盖工具制作工艺简单，操作方便，移动灵活轻巧，能适应各种规格井盖开启；使用省时省力，可大幅减轻劳动强度。

氧气瓶、乙炔气瓶固定防倾倒装置

一、背景

通常情况下，企业检修用氧气瓶、乙炔气瓶采用竖立存放，存在因气瓶倾倒而发生安全事故的隐患。

二、解决方法

根据气瓶竖立放置要求及气瓶分满瓶、半瓶、空瓶放置要求，规范制作气瓶存放、分区及固定、防倾倒装置（见图1）。

图1　氧气瓶、乙炔气瓶固定防倾倒装置

制作一组气瓶存储架，三面固定一面开口，气瓶从开口处放入后用活动链固定；气瓶存储架前方悬挂满瓶、半瓶、空瓶标识牌，便于作业时选择合适的气瓶。

三、应用效果

有效地解决了氧气瓶、乙炔气瓶的倾倒问题，消除了气瓶的存储的安全隐患；操作简单方便、放置规范、标识明显，实现了分类定置管理。

整流机组专用检修小车

一、背景

某单位在运行的整流设备有 27 套，整机检修次数每年在 40 次左右。整流机组检修时，需要多次冲洗整机主水管路、注水，面临以下困难：岗位多、设备分散，水泵、加水管、电源盘、工器具等移动频繁，人员劳动强度大，且冲洗主水管路需要 3~5 人才能完成；工器具在移动过程中，水泵、水管容易受到污染，影响水质；检修现场凌乱，不符合精细化管理要求。

二、解决方法

将水泵、主水管、电源盘、工器具盒等集成安装在自制仅需一人即可推动的专用检修小车上（如图 1 所示）。

图 1　专用检修小车

水泵用于向整机、纯水冷却器内注入纯水；水管与水泵配合，将水箱内纯水注入整机冷却管路；电源盘给水泵提供电源；工具盒用于存放常用工具和一些小备件，如螺丝刀、手钳、扳手、不锈钢喉箍、岗位钥匙、螺丝等。

三、应用效果

通过现场应用，专用检修小车使用方便、效果良好，提高了工作效率，减少了主水污染，检修现场杂乱情况得以改观。

现场检修工具收纳小车

一、背景

设备检修作业使用大量的工具,检修人员经常需要往返于检修现场与工具库来回取放工具,既耽误了检修时间,又增加了检修人员的劳动强度。与此同时检修现场工具无固定的摆放位置,易导致现场脏、乱,不符合现场的定置化管理要求。

二、解决方法

制作现场检修工具收纳小车(见图1),将工具分类集中统一保管可有效解决此问题。根据检修现场空间和各工具外形几何尺寸和特点,使用粗细适宜钢管制作支撑框架,框架上面或设置挂钩等放置扳手、磨光机等工具,或设置小盒子可放置刮刀、丝锥、铰刀、螺栓螺帽等工具和小备件,亦可设置其他存放工具的小结构,并在底部四角配置滑轮,便于现场搬运。检修结束后对工具进行收纳整理,满足检修现场的定置管理。

图1 现场检修工具收纳小车

三、应用效果

（1）实现各类工具定置摆放，及时发现检修工具的缺失，从而有效避免检修工具丢失；方便检修人员随时取用各类工具，提高检修效率。

（2）在检修结束后可将检修工具车保护盖盖上，检修结束后可安全、合理地运送工具。

便携式电缆绕线盘的设计制作

一、背景

城市供水管道检修作业现场环境复杂，检修电源的接线尤为重要。随着检修作业地点的不同，电源线的距离、空间、位置也随之变化，影响电缆线的拉运、装卸。检修现场使用的电缆都比较长，每次检修作业时盘好电缆后在装卸车和运输时很容易散乱，现场使用电缆时需要经常拉拽电缆，电缆磨损较大，容易拉断，造成损失。

二、解决方法

设计制作了如图1所示带有可移动托架的绕线盘，通过摇柄带动转轴，实现电缆的按需收放，较好的解决了上述问题。

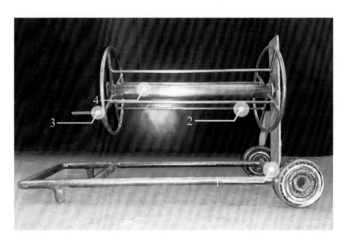

图1 带有可移动托架的绕线盘

1—可移动托架；2—绕线盘；3—摇柄；4—转轴

使用中的绕线盘如图2所示。

三、应用效果

绕线效率大幅提高；节省了检修物资运输车辆空间；延长了电缆线使用寿命；减轻了检修工电缆架设的劳动强度；作业现场实现了定置管理。

图 2　使用中的绕线盘